2024

中国低碳化发电技术创新发展报告

煤电转型升级专篇

REPORT ON CHINA LOW-CARBON POWER GENERATION
TECHNOLOGY INNOVATION AND DEVELOPMENT

电力规划设计总院　编著

人民日报出版社

北京

图书在版编目（CIP）数据

中国低碳化发电技术创新发展报告 . 2024 / 电力规划
设计总院编著 . -- 北京 : 人民日报出版社 , 2024.
12. -- ISBN 978-7-5115-8616-2

Ⅰ . TM61

中国国家版本馆 CIP 数据核字第 2024C9N396 号

书　　名：**中国低碳化发电技术创新发展报告 . 2024**
　　　　　ZHONGGUO DITANHUA FADIAN JISHU CHUANGXIN FAZHAN BAOGAO. 2024
作　　者：电力规划设计总院

出 版 人：刘华新
责任编辑：周海燕

出版发行：**人民日报**出版社
社　　址：北京金台西路 2 号
邮政编码：100733
发行热线：（010）65369509　65369512　65363531　65363528
邮购热线：（010）65369530　65363527
编辑热线：（010）65369518
网　　址：www.peopledailypress.com
经　　销：新华书店
印　　刷：三河市嘉科万达彩色印刷有限公司
法律顾问：北京科宇律师事务所（010）83622312

开　　本：889 毫米 ×1194 毫米　　　1/16
字　　数：125 千字
印　　张：8.25
版　　次：2024 年 12 月第 1 版
印　　次：2024 年 12 月第 1 次印刷

书　　号：ISBN 978-7-5115-8616-2
定　　价：178.00 元

编 委 会

目录

前言

1 我国煤电发展现状与发展形势   **001**

    1.1   总体情况   002

    1.2   发展水平   004

    1.3   发展形势   008

2 煤电转型升级方向   **011**

    2.1   清洁低碳转型   012

    2.2   灵活高效升级   014

    2.3   数字化智能化发展   019

3 煤电清洁低碳转型技术   **023**

    3.1   掺烧生物质   024

    3.2   掺烧绿氢 / 氨   027

    3.3   二氧化碳捕集、利用与封存（CCUS）   033

    3.4   综合比较   039

4 煤电灵活高效升级技术   **041**

    4.1   深度调峰   042

    4.2   快速变负荷   049

    4.3   启停调峰   056

4.4　宽负荷高效　061

4.5　灵活性提升技术经济性分析　066

5　总结与展望　**075**

附录 1　国际煤电清洁低碳转型概况　081

1.1　二氧化碳捕集、利用与封存（CCUS）　082

1.2　掺烧绿氨　087

1.3　掺烧生物质　091

附录 2　国际煤电灵活高效升级概况　101

2.1　总体情况及典型案例　102

2.2　灵活高效提升思路　108

2.3　灵活高效提升技术　113

前言

　　长期以来，煤电在保障我国电力安全稳定供应方面发挥了"顶梁柱"和"压舱石"作用，预计在未来较长时期内，煤电仍将持续发挥基础保障性和系统调节性作用，为我国电力系统安全、可靠、经济运行提供关键支撑。

　　当前，我国电力系统正处于加速转型期，新型电力系统建设仍需要煤电持续发挥作用，系统安全可靠运行对煤电等调节电源涉网性能的需求将越来越高。但另一方面，煤电也是我国电力行业碳排放的主要来源，"双碳"目标背景下煤电清洁低碳转型已成必然趋势。为保障电力安全供应，统筹新型电力系统支撑与碳减排要求，需要更加全面更加深入地持续推进煤电转型升级。

　　《中国低碳化发电技术创新发展报告》是关于低碳化发电技术创新发展的年度系列智库报告，2024年度报告推出"煤电转型升级专篇"，旨在全面系统分析煤电清洁低碳灵活高效转型升级。报告总结了我国煤电发展现状，分析了煤电转型升级方向，梳理了国内外相关实践和经验，分析了清洁低碳灵活高效转型升级的技术方向、关键问题和经济性等，提出了推动煤电转型升级的相关建议。报告力求全面客观地把煤电转型升级的发展态势呈现给读者，便于行业从业人士了解和把握煤电创新方向与技术趋势。

报告编写过程中得到了能源主管部门、相关企业、科研机构和业内专家的大力支持和指导，尤其得到了国家能源集团、哈尔滨电气、东方电气、上海电气、华东电力设计院、华北电科院、华北电力大学、国网华北分部等单位的专业支持，在此谨致衷心感谢。报告疏漏之处，恳请批评指正。

《中国低碳化发电技术创新发展报告 2024》编写组

2024 年 12 月

1

我国煤电发展现状
与发展形势

1.1 总体情况

截至 2023 年底，我国全口径发电装机容量 29.2 亿千瓦，其中煤电装机容量 11.65 亿千瓦，约占全国发电装机容量的 39.9%，历史首次降至 40% 以下。煤电新增规模占比持续降低，2023 年煤电新增规模 4774 万千瓦，约占全国发电新增装机规模的 12.9%，低于 2021 年、2022 年的 16.4%、14.7%。

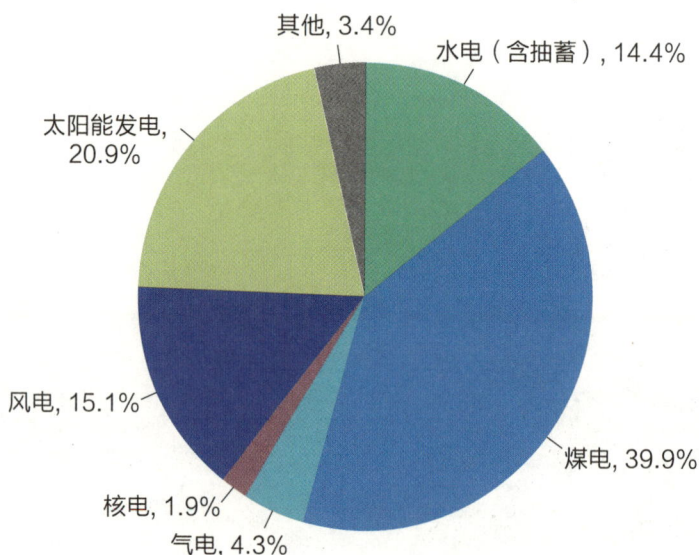

图 1.1-1　2023 年我国电源装机结构

2023 年，全国全口径发电量 9.29 万亿千瓦时，其中煤电发电量 5.38 万亿千瓦时，同比增长 5.4%，低于全国总发电量 6.7% 的增速水平。煤电发电量占总发电量比重持续下降，由 2021 年、2022 年的 60.1%、58.4% 进一步下降至 57.9%。

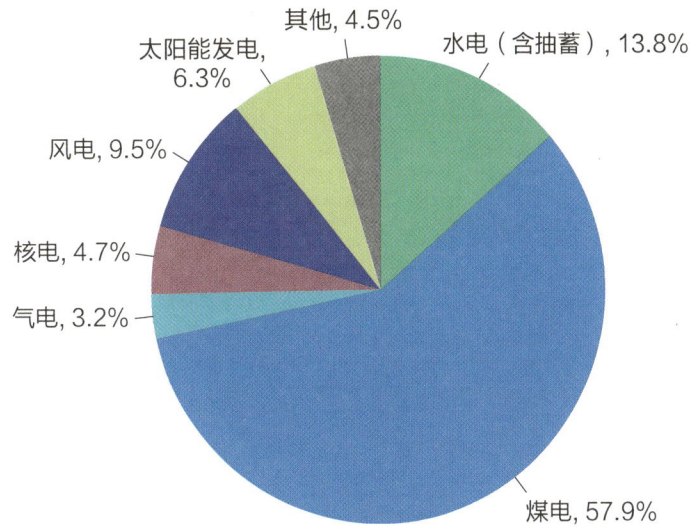

图 1.1-2　2023 年我国发电量结构

2023 年，我国火电年平均利用小时数为 4466 小时，同比增加 76 小时。其中，煤电平均利用小时数 4685 小时，同比增加 92 小时。从"十二五"以来的变化趋势看，"十二五"期间我国火电利用小时数下降较快，"十三五"先反弹后下降，"十四五"火电利用小时数略有上升。

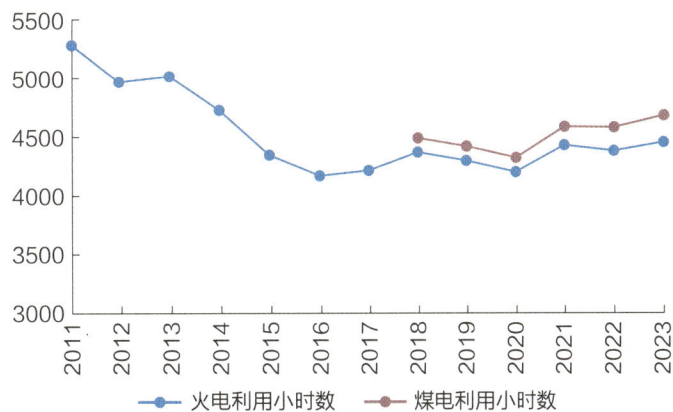

图 1.1-3　我国火电和煤电设备年均利用小时数变化

1.2 发展水平

1.2.1 节能提效

"十二五"以来，我国超（超）临界机组比例明显升高，一批大容量、高参数、高效率、高度节水、超低排放的先进煤电机组相继投产，煤电清洁高效发展水平大幅提升，相关技术指标处于世界领先水平。二次再热超超临界发电技术与其他节能提效技术集成应用，可降低发电标煤耗 10g/kWh 以上，630℃二次再热超超临界发电技术可降低发电煤耗约 13g/kWh。同时，节能提效改造较大幅度地提升了现役煤电机组整体能效水平，通常包括提升锅炉效率、降低汽机热耗、降低厂用电等三大方面，其中汽轮机通流改造节能效果较显著，一般可降低供电煤耗 5g/kWh~20g/kWh。

国家发展改革委、国家能源局于 2021 年印发《关于开展全国煤电机组改造升级的通知》(发改运行〔2021〕1519 号)，2022 年发布《煤炭清洁高效利用重点领域标杆水平和基准水平（2022 年版）》(发改运行〔2022〕559 号)，提出了新建机组能效标杆和基准水平；《关于做好 2022 年煤电机组改造升级工作的通知》(发改运

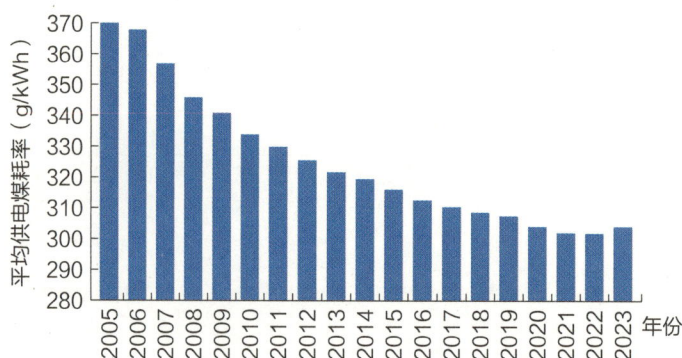

图 1.2-1　2005—2023 年火电供电煤耗率变化情况

行〔2022〕662号）规定了煤电机组节能提效改造的认定标准，对于超临界300MW机组、亚临界600MW机组和亚临界300MW机组的供电煤耗率改造认定标准分别为≤300g/kWh、302g/kWh和311g/kWh。

通过存量煤电机组节能提效改造，增量机组采用高参数、大容量高效机组，我国煤电机组的总体供电煤耗持续降低，煤电能效水平达到世界领先水平。2023年，全国火电平均供电煤耗达到302g/kWh，比2005年下降了72g/kWh，平均每年降低4g/kWh。目前，建设中的大唐郓城630℃超超临界二次再热国家电力示范项目，设计供电煤耗达到约256g/kWh。但需要指出的是，我国煤电总体煤耗水平下降的空间持续收窄甚至出现反弹，这主要是受煤电利用小时数总体降低、灵活调节频度和深度持续增加的影响。未来，随着煤电机组深度调节运行愈加频繁，深度调峰的时间进一步增加，保证煤电机组在更宽负荷范围的高效运行，将是煤电节能提效的重点方向。

1.2.2 清洁低碳

在大气污染物减排方面，我国达到超低排放水平的煤电机组超过11亿千瓦，占煤电总装机容量比重超过95%，是世界上最大的清洁高效煤电供应体系。煤电行业烟尘、二氧化硫、氮氧化物等常规大气污染物排放水平得到了强力控制，煤电排放绩效近年来维持在较低水平，烟尘、二氧化硫、氮氧化物排放绩效分别达到0.017g/kWh、0.119g/kWh、0.133g/kWh，较2014年超低排放实施初期均大幅下降90%以上，为助力打赢蓝天保卫战做出了突出贡献，为其他工业行业实施超低排放改造提供了宝贵借鉴。

在碳减排方面，我国新建先进高效煤电机组度电碳排放可达到约 720gCO$_2$/kWh，处于国际领先水平。"十三五"期间，节能改造规模超过 8 亿千瓦，2021—2023 年完成节能降碳改造约 2.3 亿千瓦、供热改造约 2 亿千瓦，客观上形成了可观的整体降碳效益。当前，煤电行业正通过多种措施推动碳减排。一是源头减碳，通过掺烧生物质、绿色氨氢等零碳燃料，从燃料源头减少碳排放；二是过程减碳，通过提升机组能效水平，减少度电煤耗以减少碳排放；三是末端减碳，采用碳捕集利用与封存（CCUS）减少碳排放，已开展多个万吨级、10 万吨 ~50 万吨级的碳捕集工程示范，百万吨级碳捕集工程正在建设中。总体看，通过能效提升的过程碳减排潜力空间逐渐减小，需主要依靠零碳低碳燃料掺烧、CCUS 等措施降低煤电碳排放。

1.2.3　灵活调节

随着我国可再生能源装机规模及发电量的快速增长，新能源发电渗透率不断提高，电力系统对灵活调节资源的需要持续增加。当前，煤电在我国电力供应中提供了接近 80% 的调节作用，在各类储能设施大规模发挥系统调节作用前，煤电仍将是我国促进可再生能源消纳的重要的调节性电源。"十三五"期间，我国开始实施煤电灵活性提升工作，进行了多种技术路线的有效探索，"十三五"期间完成煤电灵活性改造规模超过 8000 万千瓦，"十四五"前三年完成煤电灵活性改造规模超过 3 亿千瓦，有效提升了我国煤电整体灵活运行水平。

煤电机组的灵活调节能力包括深度调峰、快速爬坡、启停调峰等几个方面。目前，我国煤电机组最低稳定运行负荷平均为 39.88%，通过实施灵活性改造制造，煤电机组深度调峰最小出力一般可从原来的 40%~50% 额定功率下降至 35% 及以下，部分电厂已达到 20%

以下；供热机组通过热电解耦等措施，调节能力一般可提升 10% 以上。煤电机组爬坡速率（变负荷能力）与机组类型、负荷率等因素密切相关，亚临界机组 50% 以上负荷爬坡速率一般为 $1.5\%P_e$/min~$2.5\%P_e$/min（P_e 为额定功率），超（超）临界机组为 $1.3\%P_e$/min~$2.2\%P_e$/min，但从某区域近 200 余台煤电机组实际运行情况看，爬坡速率大于 $2.5\%P_e$/min 的机组占比不到 20%。负荷率对于爬坡速率的影响较明显，从部分机组的调研情况看，40%~50% 负荷爬坡速率约 $1.2\%P_e$/min、30%~40% 负荷调峰时约 $1\%P_e$/min、20%~30% 负荷调峰时约 $0.5\%P_e$/min。

近年来，随着煤电机组灵活调节运行的深度、频度、时长的增加，由此引起的运行方面的问题也逐渐显现。灵活运行使锅炉受热面应力变化范围扩大，长期运行可能缩短受热面寿命，导致锅炉四管泄漏风险升高，不完全统计，近五年锅炉原因引起的非停事件中，四管泄漏原因占比平均在 60% 左右。低负荷下的变负荷速率受热应力等制约比较明显，大量试验发现，20% 负荷下机组以 $1.5\%P_e$/min 的变负荷速率调峰时，普遍存在燃烧不均匀或水动力不均匀现象，容易引发部分受热面超温。直流炉深度调峰尚未全面实现干湿态一键自动转态运行功能，依靠运行人员手动操作存在安全隐患，现有监测手段尚难以全面有效监控主辅设备调峰运行的安全状况。灵活运行对机组寿命、运行煤耗等造成负面影响，频繁深度调峰甚至启停调峰造成机组高温高压部件疲劳损伤，运行煤耗较大幅度增加。

总体上看，随着新能源渗透率的进一步提升，电力系统对煤电机组深度调峰、快速变负荷等灵活调节能力的要求进一步提高。但长期频繁灵活调节运行，对煤电机组的能耗、安全和寿命等客观上将产生诸多不利影响。因此，如何确保运行安全、减少对运行能耗和寿命影响，尽可能提升机组运行灵活性以满足电力系统调节需求，将是未来煤电灵活性改造制造的重点方向。

1.3 发展形势

煤电作为我国最基础的电源类型，长期以来在保障电力安全稳定供应方面发挥了"顶梁柱"和"压舱石"作用，未来也将在较长时期内发挥基础保障性和系统调节性作用。随着"双碳"目标、能源结构转型和新型电力系统建设的深入推进，煤电面临新的发展形势。

能源供应安全需要煤电发挥基础性、保障性作用。我国传统能源资源禀赋以煤为主，水电建设受资源约束而发展潜力有限，核电装机占比低且其建设受厂址资源和政策不确定性影响，新能源发电则存在间歇性、随机性、波动性问题。因此，在较长时期内仍需要煤电在电力供应、热力供应、能源供应安全中发挥重要的基础保障兜底作用。

新型电力系统需要煤电发挥支撑性、调节性作用。我国以煤电为主体电源的电力结构现状、电力系统形态，向新能源占比逐渐提高的新型电力系统过渡进程中，高比例新能源、高比例电力电子设备将加大系统调节压力和系统安全稳定运行难度，需要煤电、气电、抽水蓄能、新型储能等资源，发挥可靠容量、调峰调频、转动惯量等支撑性、调节性作用。综合资源条件、技术成熟度、经济成本等因素，煤电对新型电力系统的支撑调节性作用在较长时期不可或缺。

实现"双碳"目标需要煤电发挥关键性、前瞻性作用。能源电力领域是实现"双碳"目标的主战场、主力军，煤电仍然是我国碳排放的主要来源，约占全国碳排放总量的40%，需要煤电在碳减排方面发挥关键性、前瞻性作用。一方面，发挥支撑调节作用促进新能源等绿色低碳电力消纳，降低电力系统总体碳排放强度。另一方面，需要适当超前布局，通过零碳低碳燃料掺烧、CCUS 等降碳措施，推动煤电自身碳减排，兜底保障电力供应、热力供应的同时，提升煤电机组碳减排水平。

▌ 参考文献

[1] 王志轩，张晶杰，董博，等 . "双碳"目标下燃煤电厂灵活性改造及政策建议 [J]. 电力科技与环保，2024, 40 (03): 213-220.

[2] 刘志强，叶春，张源，等 . 煤电"三改联动"实施分析与措施建议 [J]. 热力发电，2023, 52 (05): 154-159.

[3] 朱法华，徐静馨，潘超，等 . 煤电在碳中和目标实现中的机遇与挑战 [J]. 电力科技与环保，2022, 38 (02): 79-86.

[4] 张涛，姜大霖 . 碳达峰碳中和目标下煤基能源产业转型发展 [J]. 煤炭经济研究，2021, 41 (10): 44-49.

[5] 王月明，姚明宇，张一帆，等 . 煤电的低碳化发展路径研究 [J]. 热力发电，2022, 51 (01): 11-20.

[6] 李丹青 . 煤电产业应为"碳中和"目标做出调整 [J]. 能源，2020, (11): 27-29.

2 煤电转型升级方向

2.1 清洁低碳转型

2.1.1 清洁排放

我国煤电全面实施超低排放有力提升了煤电清洁化水平，煤电机组烟尘、二氧化硫和氮氧化物的排放浓度达到燃气机组排放限值，分别不高于 10mg/Nm³、35mg/Nm³ 和 50mg/Nm³，是国际上最严格的污染物排放控制需求。在超低排放的基础上，部分电厂特别是大气污染治理重点地区的电厂，烟尘、二氧化硫和氮氧化物排放浓度普遍优于超低排放标准，达到 5mg/Nm³、10mg/Nm³ 和 25mg/Nm³，甚至更低。得益于煤电超低排放的全面实施，煤电行业烟尘、二氧化硫、氮氧化物等常规大气污染物排放得到了强力控制，污染物排放量比超低排放实施前大幅下降 90% 以上。

在超低排放基础上进一步大幅降低大气污染物排放水平，技术实现难度不大，但投资和运行成本增加带来的污染物减排收益较小，即污染物减排的边际收益减少。不同区域煤种及电价水平存在较大差异，进一步大幅降低大气污染物排放水平，需要综合考虑区域环境质量、污染物指标控制、经济性等多方面因素。总体上，在煤电清洁排放发展方面宜总体保持现有超低排放政策，鼓励重点地区、企业自主实施优于超低排放标准煤电项目；此外，应重点关注煤电深度调峰、掺烧绿氨等对污染物控制的影响，确保达到全负荷超低排放。

2.1.2 绿色低碳

我国在提升新建煤电机组发电效率的同时，持续推动现役机组节能提效改造。在改善装机结构和节能提效改造的助力下，我国煤电供电煤耗总体上逐年持续下降，碳排放绩效总体上随之同步下降，测算2023 年度电碳排放约 816g/kWh，比 2010 年下降了 8.5%。

单位：gCO_2/kWh

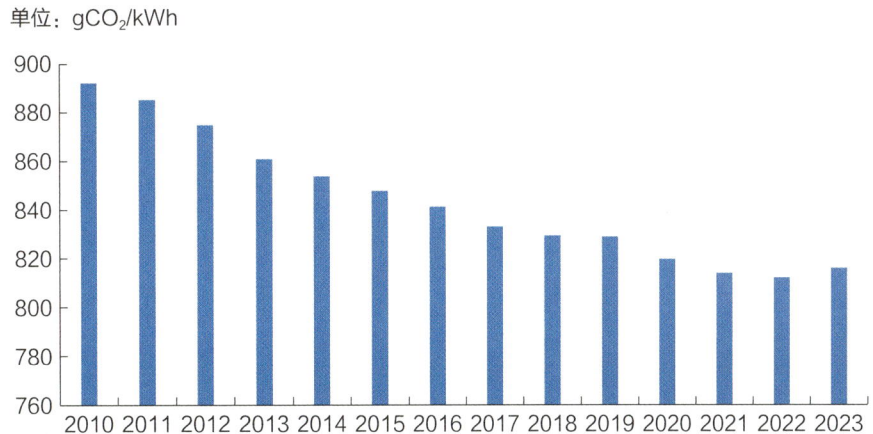

图 2.1-1　我国煤电单位供电量碳排放绩效（gCO_2/kWh）

　　我国煤电在碳排放方面取得了较大成效，这主要是由煤耗水平持续降低产生的碳减排效果。尽管如此，煤电仍然是我国最大的碳排放来源，碳达峰碳中和战略实施进程中，煤电碳减排的需求将愈加迫切，而通过进一步降低煤耗的方式实现碳减排的空间逐渐变小，这就要求煤电机组需要多措并举通过多种渠道减少二氧化碳排放，包括零碳低碳燃料掺烧、CCUS 等技术途径。当前，零碳低碳燃料掺烧、CCUS 等碳减排方式成本代价依然高昂，预计短期内大规模实施的难度很大。因此，煤电碳减排需要着眼长远、远近结合、适度超前予以布局。短期看，需要加快推进零碳低碳燃料掺烧、CCUS 等技术攻关，着力降低碳减排成本，现阶段鼓励和支持具备条件的煤电机组实施碳减排工程。长远看，需要加快推进清洁低碳能源发展，持续提升煤电灵活调节能力，持续减少煤电电量供给，从根本上降低煤电碳减排的需求、难度与成本代价；同时，当前布局的煤电项目需要着眼长远关注未来的碳减排问题，当前不具备同步建设碳减排设施的，应当研究是否预留未来实施零碳低碳燃料掺烧、CCUS 等碳减排改造的场地与接口条件。

2.2 灵活高效升级

长期以来，电力系统对于煤电机组灵活调节的要求主要是深度调峰。随着我国新能源渗透率的进一步提升，新型电力系统建设对于煤电机组的深度调峰、快速变负荷、启停调峰等多个方面提出了新的更高要求。此外，煤电机组灵活运行还需要以确保机组安全运行作为基本前提。

2.2.1 深度调峰

深度调峰是煤电机组灵活性的最关键指标之一，提高煤电机组深度调峰能力主要体现在降低机组最低发电出力水平，影响煤电机组的最低发电出力的主要因素包括锅炉最低稳燃负荷、机组最低干态运行出力等。

锅炉最低稳燃负荷方面，锅炉最低稳燃负荷基本决定了机组深度调峰的能力。深度调峰时不投油稳燃负荷，与燃用煤质的着火稳定性指数 R_w、锅炉容量、燃烧系统设计等相关，具体见表 2.2-1；目前各煤质不投助燃最低稳燃负荷的水平为：烟煤 20%BMCR~30%BMCR，褐煤 25%BMCR~30%BMCR，无烟煤 35%BMCR~40%BMCR，贫煤 30%BMCR~35%BMCR。此外锅炉低负荷下主辅机适应性等问题也影响纯凝机组的调峰能力，如低负荷下锅炉水动力安全、锅炉金属壁面超温、宽负荷脱硝、锅炉水平烟道积灰、磨煤机和风机振动、再热蒸汽温度低、低负荷保护程序逻辑

表 2.2-1 煤质对机组不投油稳燃负荷的影响

着火稳定性指数 R_W	着火特性	根据无灰基挥发分 V_{daf} 简易判别（%）	着火稳定性指数 R_W 细分	不投油稳燃负荷 % BMCR	
				300MW	≥ 600MW
$R_W \geq 5.59$	极易着火煤种	$V_{daf} \geq 37.0$	I	20	15
$5.00 \leq R_W < 5.59$	易着火煤种	$35.0 \leq V_{daf} < 37.0$	II	25	20
				20	15
		$30.0 \leq V_{daf} < 35.0$	III	25	20
		$26 \leq V_{daf} < 30.0$	IV	30	25
$4.67 \leq R_W < 5.00$	中等着火煤种	$20.0 \leq V_{daf} < 26.0$	V	35	30
$4.02 \leq R_W < 4.67$	难着火煤种	$15 \leq V_{daf} < 20.0$	VI	40	35
		$12.0 \leq V_{daf} < 15.0$	VII	45	40
		$8.0 \leq V_{daf} < 12.0$	VIII	50	45
$R_W < 4.02$	极难着火煤种	$V_{daf} < 8.0$	IX	55	50

不合理及控制品质较差等一系列问题，应在机组设计时统筹考虑。

最低干态运行出力方面，目前新建灵活高效煤电机组可以做到 20%BMCR~25%BMCR 负荷下实现干态运行。常规超临界锅炉实现干态运行的最低直流负荷约 30%BMCR，常规超超临界锅炉实现干态运行的最低直流负荷约 25%BMCR，新建超超临界燃煤机组最低直流负荷一般按 20%THA 考虑。对于现役煤电机组，如果不对干湿转换点进行改造，最低直流负荷约 30%，最低发电出力低于 30% 时，则升降负荷过程会跨过干湿态转换点。干湿态转换时间（人工操作）大约需要 1 小时 ~2 小时，如果采用自动干湿态转换控制方案，则干湿态转换时间有望缩短至 20 分钟 ~30 分钟。

可再生能源已成为我国新增发电装机主体，发电量占比逐步提升，同时部分地区已出现其可再生能源发电在短时间内满足绝大部分电力需求的情况。因此，需要煤电机组具备更低的发电出力能力以缓解弃风、弃光，同时保持系统稳定运行，给电网提供必要的电压及惯量支持，提升电网稳定性。

2.2.2 快速爬坡

快速爬坡能力体现在提高机组爬坡速率，指的是机组在运行期间改变其发电功率的速率。为了平抑新能源并网所带来的发电负荷随机波动，系统需要火电机组提供更高的负荷响应速率。当前，燃煤机组能够较好地跟踪 AGC 调度指令，但多数煤电机组的平均爬坡速率约为 $1\%P_e/\text{min} \sim 2\%P_e/\text{min}$。由于国内燃煤机组装机总量大，当前基本可满足平抑新能源出力的波动。但是，未来随着新能源装机迅猛增长，现有的爬坡速率将无法平抑大规模新能源出力的波动。更高的爬坡速率有利于煤电机组更快地调整发电功率，以响应出力需求的变化。

煤电机组参与变负荷运行会不同程度地对机组主要设备的安全性及寿命产生影响。锅炉的储热特性、煤种质量以及磨煤机与汽轮机响应之间的时间延迟等，也是限制爬坡速率提升的重要因素。对于汽包炉，变负荷影响最大的是汽包的热应力。一般汽包的温度变化速度不能超过 2℃/ 分钟，由于汽包内工质处于饱和状态，汽包的温度随汽包压力同步变化。根据计算，当汽包压力 17.8MPa 时，汽压允许变化 0.425MPa/ 分钟；当汽包压力 12.2MPa 时，汽压允许变化 0.32MPa/ 分钟，这是汽机调门变化不能太快的原因。对于直流炉，快速变负荷一方面会影响锅炉水动力安全性，另一方面会增大分离器和联箱等的热应力。同时，工质侧变化速率过快会导致氧化皮脱落，也会引起厚壁部件产生疲劳寿命损耗。根据运行经验，变负荷工况下，工质侧允许的温度变化速率为：介质温度 300℃以下时，任何时段金属及介质升温速率不允许超过 3℃/ 分钟；介质温度 300℃及以上时，任何时段金属及介质升温速率不允许超过 1.5℃/ 分钟；屏式过热器、高温过热器、高温再热器出口蒸汽温度变化速率不超过

5℃/ 分钟。

主蒸汽和再热蒸汽管道、高加、低加等温度变化速率对快速爬坡能力也有一定影响。一般而言，温度变化速率与管道壁厚有关，壁厚越厚，允许温度变化速率越慢。一次再热百万机组主蒸汽管道允许温度变化速率约为 5℃/ 分钟，再热蒸汽管道允许温度变化速率约为 10℃/ 分钟。蛇形管高加的允许温度变化速率为 10℃/ 分钟。U 型管高加和低加的允许温度变化速率为 2℃/ 分钟 ~3℃/ 分钟。

此外，辅机配置也是影响机组爬坡速率的重要因素，主要体现在制粉系统。采用小粉仓或中间仓储式制粉系统，有利于平衡机组变负荷过程中的燃料需求和制粉系统出力，从而提高机组爬坡速率。

2.2.3　启停调峰

传统上，煤电机组启停一般是基于正常的检修需要，而随着新能源尤其是光伏装机的快速增长，煤电机组开始承担起启停调峰任务。当午间光照充足时，煤电机组需要尽可能地降低出力来促进新能源消纳；到了晚间负荷高峰时期，光伏出力骤降，需要煤电机组顶峰。当煤电机组的调峰范围小于电网的调节需求时，机组启停调峰不可避免。随着新能源渗透率的进一步提升，煤电机组未来频繁参与启停调峰可能会成为常态。目前，东部某省份煤电机组日内启停或隔日启停已成为常规手段，2022 年至 2024 年 10 月底，省内直调机组以市场化方式日内启停共计 1008 台次，累计启停容量 5.37 亿千瓦。

机组频繁启停会导致锅炉过热、过冷的情况，使燃烧不充分，燃烧效率下降，同时会对泵、阀门等设备造成损坏，加速设备老化，缩短锅炉寿命。目前关于启停调峰对机组设备寿命影响的研究比较少，缺乏相关标准及运行经验，启停对机组寿命影响的评估机理尚不清晰。因此，出于机组安全考虑，虽然未来煤电机组不可避免参与启停调峰，但也要尽可能避免频繁启停。

2.2.4 宽负荷高效

随着火电机组向调节性电源逐步转型，机组将更多运行在低负荷区间，机组的平均负荷率逐步降低。根据中电联统计数据，2022 年我国煤电机组平均负荷率约为 65%，机组年负荷率均值在 40%~80% 之间。

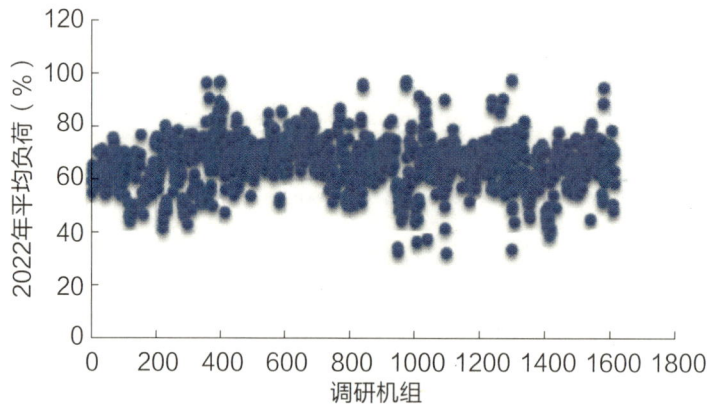

图 2.2-1　煤电机组 2022 年平均负荷情况

（数据来源：中国电力企业联合会）

随着负荷率下降，煤电机组的能效也会下降，这会导致更高的运行成本以及度电碳排放。燃煤机组在超低负荷运行时煤耗大幅度增加，主要是因为锅炉效率随着排烟热损失增加而下降，汽轮机效率由于低负荷运行导致通流效率下降，辅机设备偏离设计工况导致厂用电率大幅增加，其中汽轮机效率和厂用电率对机组低负荷能效影响更大。通常，50% 负荷下供电煤耗相比额定负荷增加约 10%，30% 负荷下增加约 28%，20% 负荷下增加约 60%。机组负荷率越低，供电煤耗增加越多。

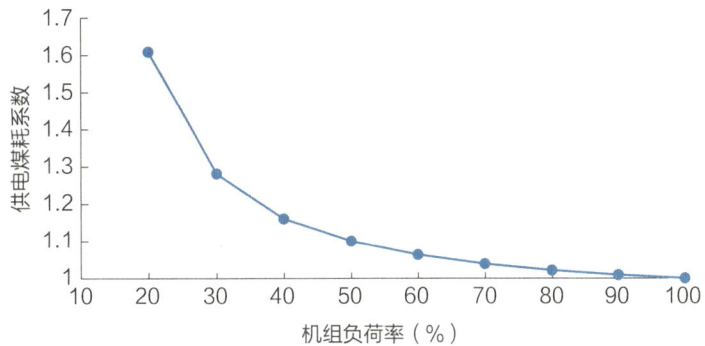

图 2.2-2　机组供电煤耗 – 负荷率关系曲线

考虑到未来煤电机组在辅助服务市场开展深度调峰竞价时，煤耗直接影响机组的运行成本。因此，未来煤电机组要以中低负荷高效运行为设计目标，适应性变革系统设计、设备配置、主辅机本体设计，大幅提升低负荷运行的能效水平。例如：针对汽轮机热耗率在低负荷工况大幅升高的问题，着力改变汽轮机本体设计思路，效率优化点应兼顾低负荷工况，调整通流结构、叶型设计等，并研究部分汽缸采用半容量或更低容量设计，低负荷时切除部分汽缸，以提升运行汽缸的负荷率和能效。针对厂用电率在低负荷工况显著增高的问题，提升辅机设备的低负荷运行性能，通过容量和台数配置优化改善低负荷工况下的辅机负荷率及效率，并研究部分辅机不连续运行的可行性。

2.3　数字化智能化发展

利用数字化智能化技术，构筑能源及发电行业数字生态，是推动煤电行业高质量发展与低碳化转型的重要手段。**一是发电生产过程复杂，数据价值有待挖掘。**通过有效融合业务领域专业经验知识与数字化技术，提升数据挖掘利用水平，可以提高火电机组运行效率和可靠性，提高设备运行维护水平。**二是生产运行数据不断增加，数据安全**

亟须加强。随着互联网技术的不断发展，如何保障电厂生产、数据安全成为重中之重，需要进一步加强数据安全保护。**三是数字革命和能源革命相融并进，有利于实现"双碳"目标**。数字化转型是能源电力科技创新的重要基础和支撑，数字化有利于传统火电提高运行效率和降碳减污，大幅度提升能源系统效率。

近年来，发电企业积极推进火电智能化转型，在火电实时运行控制优化、故障预警与诊断、状态检修等领域的智能化取得了许多突破，推动传统火电向精益生产、精确管理、成本优化方向发展。目前，针对人员定位、网络敷设、机器人巡检等技术门槛相对较低的领域，数字化转型进度较快，实施后取得了不错的效果，有力促进了电厂安全运行、减人增效和智能管理。煤电数字化智能化转型过程中仍面临诸多挑战：**一是缺乏统一数据标准，数据壁垒尚未打破**。目前行业尚未建立完善的标准，缺乏统一的数据质量标准及采集方式、范围，不同厂家不同设备的通信接口及数据类型各不相同，尤其是进口设备的数据接口和数据格式封闭性比较强，增加了数据标准化的难度及成本。**二是数据价值尚未得到充分发挥**。目前我国尚未制定全国统一的能源大数据管理标准，大数据建设运行机制不完善，企业开放共享数据动力不足。**三是以工业软件为代表的部分核心技术受制于国外**。核心工业软件存在开发难度大、开发周期长、资金需求大的特点，国产核心工业软件发展较慢，部分发电三维数字化设计软件、热力系统计算软件等为国外厂家开发。**四是新兴数字技术与发电业务的融合创新有待加强**。目前，"云大物移智链"等新技术在发电行业已开展试点应用和实践，但系统级的整体方案及技术创新相对缺乏，需进一步探索多主体协同发展的合作机制和商业模式。

煤电行业数字化智能化转型需求较为迫切，需要综合应用先进控制策略、大数据、云计算、物联网、人工智能、5G 通信等技术，从智能监测、控制优化、智能运维、智能安防、智能运营等多方面进行突破与示范，建设具备快速灵活、少人值守、无人巡检、按需检修、智能决策等特征的智能示范电厂，全面提升煤电厂规划设计、制造建造、运行管理、检修维护、经营决策等全产业链智能化水平，切实提升煤电机组安全、高效、绿色、低碳运行能力。

参考文献

[1] 郝玲，陈磊，黄怡涵，等.新型电力系统下燃煤火电机组一次调频面临的挑战与展望 [J].电力系统自动化，2024,48(08):14-29.

[2] 孙华东，王宝财，李文锋，等.高比例电力电子电力系统频率响应的惯量体系研究 [J].中国电机工程学报，2020,40(16):5179-5192.

[3] 陈国平，董昱，梁志峰.能源转型中的中国特色新能源高质量发展分析与思考 [J].中国电机工程学报，2020,40(17):5493-5506.

[4] 国家能源局华北监管局.华北能源监管局关于印发华北区域并网发电厂"两个细则"（2019年修订版）的通知 [EB/OL].[2022-12-15]

[5] 国家能源局华中监管局.国家能源局华中监管局关于印发《华中区域并网发电厂辅助服务管理实施细则》和《华中区域发电厂并网运行管理实施细则》的通知 [EB/OL].[2022-12-15]

[6] 国家能源局西北监管局.国家能源局西北监管局关于印发《西北区域发电厂并网运行管理实施细则》及《西北区域并网发电厂辅助服务管理实施细则》的通知 [EB/OL].[2022-12-15]

[7] 朱法华，徐静馨，潘超，等.煤电在碳中和目标实现中的机遇与挑战 [J].电力科技与环保，2022,38(02):79-86.

[8] 梁新刚.火电厂智能化建设分析与展望 [J].中国电力企业管理，2024,(24):12-15.

[9] 刘云.我国能源电力发展及火电机组灵活性改造综述 [J].洁净煤技术，2023,29(S2):319-327.

[10] 谭增强，王一坤，牛拥军，等.双碳目标下煤电深度调峰及调频技术研究进展 [J].热能动力工程，2022,37(08):1-8.

[11] 赵永亮，许朋江，居文平，等.燃煤发电机组瞬态过程灵活高效协同运行的理论与技术研究综述 [J].中国电机工程学报，2023,43(06):2080-2100.

[12] 帅永，赵斌，蒋东方，等.中国燃煤高效清洁发电技术现状与展望 [J].热力发电，2022,51(01):1-10.

[13] 王月明，姚明宇，张一帆，等.煤电的低碳化发展路径研究 [J].热力发电，2022,51(01):11-20.

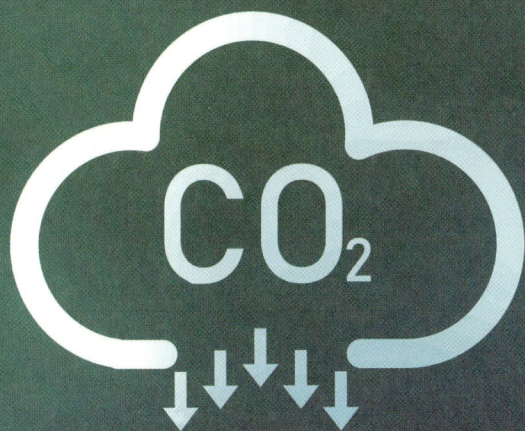

3 煤电清洁低碳转型技术

3.1 掺烧生物质

3.1.1 发展现状

煤电机组掺烧生物质，是将农作物秸秆等各类农林残余废弃物或其他生物质燃料与燃煤进行掺烧，由于生物质燃料是国际公认的零碳燃料，掺烧生物质通过替代部分燃煤达到碳减排效果。经过近 20 年的发展，我国已掌握生物质直接掺烧、气化掺烧等多种技术路线。

直接掺烧。生物质直接掺烧包括磨前掺混、燃烧器前掺混、单独燃烧器掺烧、循环流化床掺烧等多种方式。2005 年，华电山东十里泉电厂 5 号 140MW 超高压机组开展了掺烧生物质改造，采用生物质独立破碎燃烧技术路线并设置秸秆燃烧器，秸秆最大掺烧量可达锅炉输入热量的 20%。2022 年 11 月，华能日照电厂 4 号机组（680MW）实施直燃掺烧生物质改造，掺烧占比达到 5%。陕西宝鸡第二发电厂 300MW 机组采用生物质成型颗粒技术路线，电厂原有的输煤、制粉、燃烧系统基本上没有大的变动。

气化掺烧。生物质气化掺烧将生物质气化，生物质燃气在合适的部位进入炉膛后燃烧。气化掺烧的比例一般不受锅炉侧限制，而主要取决于气化设备出力及生物质可收集量。已建成的气化掺烧项目有国能荆门、华电襄阳、大唐长山等项目，其中荆门、襄阳项目气化炉容量为 10MW（折算发电出力），长山项目气化炉容量为 20MW（折算发电出力）。

生物质黑颗粒改烧也是发展方向之一。传统生物质燃料与煤炭物性差异大，需要对锅炉及辅助系统进行较大改造。生物质黑颗粒通过脱除农业秸秆中的碱金属离子和氯离子，使生物质原料类煤化，从而减少改造、降低成本，提高机组运行安全性。加拿大安大略州 Thunder bay 燃煤电厂 160MW 机组改烧黑颗粒仅对制粉设备及配风系统和送粉管道进行简单改造，实现全烧生物质黑颗粒，改造费用显著低于燃煤改烧生物质白颗粒。荷兰鹿特丹 ENGIE 燃煤电厂 800MW 机组开展了全烧黑颗粒试验和改造。目前制约煤电改烧生物质黑颗粒的最大障碍是黑颗粒燃料的稳定供应和价格。

3.1.2　减排潜力

生物质主要包括农作物秸秆、能源作物、木质、禽畜粪便、农产品加工业副产品、城市垃圾以及生活污泥等。据不完全统计，每年我国可作为能源利用的农作物秸秆及农产品加工剩余物、林业剩余物和能源作物等生物质资源总量约 4.6 亿吨标煤，目前利用率约 7.6%。考虑资源可收集、利用现状等减量因素，按保证系数为 0.5 考虑，生物质资源年可供应量约 2.3 亿吨标煤，相当于 2023 年我国煤电发电用煤炭消费量的 13%。根据目前已投运电厂的经验，不同燃煤机组可根据当地生物质资源情况掺烧 5%~30% 的生物质燃料。每年折合 2.3 亿吨标煤的生物质资源如全部进入煤电锅炉掺烧，则每年可减排 CO_2 约 6.1 亿吨。

3.1.3　减排成本

以 1 台 100 万千瓦机组直接掺烧 10% 生物质、生物质燃料价格 380 元 /t、资本金内部收益率 8% 测算，如采用生物质直接掺烧方案，工程静态投资约 1700 万元，生物质能电量含税电价约 0.455 元 /kWh，考虑绿证、绿电交易、CCER 等收益后，折算机组全部电量的度电成本增幅约为 0.002 元 /kWh；如采用气化掺烧方案，工程静态投资约 12.5 亿元，生物质能电量的含税电价约 0.6 元 /kWh，考虑绿证、绿电交易、CCER 等收益后，为保障收益率需要，折算机组全部电量的度电成本增幅约为 0.017 元 /kWh。如生物质掺烧比例进一步提高，电价也将相应增加。

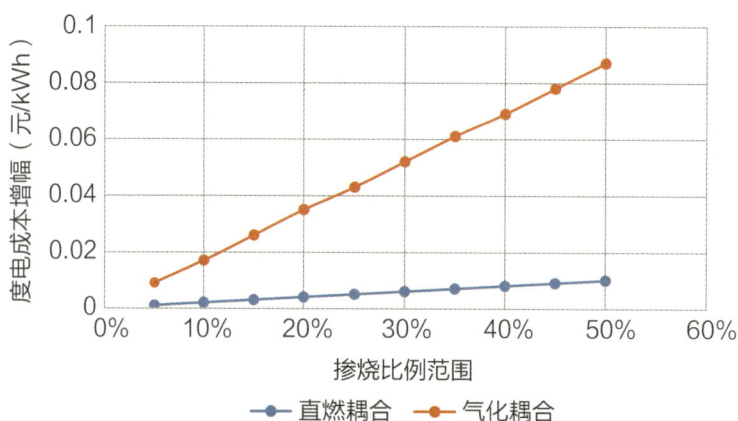

图 3.1-1　煤电掺烧生物质的电价增幅

3.1.4　面临的挑战

1. 生物质资源保障与成本。 生物质资源收集的经济半径一般为 50km，运距过长相应增加燃料成本。生物质资源的农业、能源化利用途径较多，煤电掺烧生物质需统筹考虑区域内生物质资源可利用量、可收集性等因素，合理确定掺烧比例，避免与其他生物质资源利用项目争夺资源，同时避免因资源竞争推高燃料成本。

2. 生物质燃料品质。 国外煤电掺烧的生物质一般为木质颗粒，国内生物质资源以农作物秸秆为主，秸秆中 Na、K 等碱性金属含量较高，易对锅炉尾部受热面造成腐蚀。为防止腐蚀，需要合理控制秸秆掺烧比例，必要时采取防腐措施。

3. 生物质电量计量。 目前，电力规划设计总院联合有关单位编制的《燃煤耦合生物质发电生物质能电量计算　第 1 部分：农林废弃物气化耦合》(DL/T 5580.1—2020)、《燃煤耦合生物质发电生物质能电量计算 第 2 部分：农林废弃物直燃耦合》(DL/T 5580.2—2022)和《燃煤耦合生物质发电生物质能电量计算 第 3 部分：农林废弃物蒸汽耦合》(DL/T 5580.3—2023)等 3 项生物质掺烧的生物质能电量计算标准已发布实施，需要严格依据标准对煤电掺烧生物质的生物质能电量进行计量，防止弄虚作假。

4. 一定程度需要政策支持。生物质燃料折合标煤价格通常高于标煤价，大范围实施煤电掺烧生物质也可能造成生物质燃料价格上涨，造成煤电掺烧生物质后度电成本上涨，一定程度上需要政策支持。尽管如此，煤电掺烧生物质相比纯生物质发电仍然具有成本优势，而且相比掺烧绿氢、绿氨、CCUS 等其他碳减排措施，也具有明显的成本优势。

3.2 掺烧绿氢 / 氨

3.2.1 发展现状

近年来，美日韩等发达国家先后对氨能源进行了研究。2021年，美国 CLEAN Future Act 法案将氨与氢气并列为合格低碳燃料。2021 年，日本政府第六版能源战略计划首次将氨能源纳入国家能源战略，计划到 2030 年氢氨产出电能占日本能源消耗的 1%；目前，日本新能源产业技术综合开发机构（NEDO）、东京电力 JERA 公司、IHI、丸红株式会社、澳大利亚伍德塞德能源公司（WoodsideEnergy）等在碧南电厂 4 号机组（100 万千瓦）上开展20% 掺氨试验。2021 年 11 月，韩国能源部公布氨能和氢能的高温燃烧计划，推动氢氨与天然气、煤混合燃烧发电，计划到 2030 年氨能发电占全国发电量的 3.6%，2050 年实现完全零碳氨燃料发电达到 21.5%、氢能发电达到 13.8%。

国内氨能源化利用起步虽然相对较晚，但近年来取得了较大进展，皖能集团、国家能源集团分别开展了煤电掺氨工程试验，验证了大型煤电机组掺氨燃烧技术具备可行性。

皖能集团掺氨燃烧试验采用合肥综合性国家科学中心能源研究院研发的技术，氨气由锅炉内加装的 8 个纯氨燃烧器喷入炉膛燃烧，2022 年 4 月至今，在铜陵电厂 32 万千瓦亚临界机组上开展了多次工程验证，30% 负荷下掺烧比例达到 35%、100% 负荷下掺烧比例大于 10%，氨燃尽率均达 99.99%，氮氧化物排放水平与改造前相当。

国家能源集团掺氨燃烧试验采用烟台龙源研发的技术，液氨气化后与煤粉混合，再由锅炉中加装的气固两相燃烧器喷入炉膛燃烧。2022 年初完成 40MW 燃煤工业锅炉掺氨燃烧中试，掺氨比例达到 35%；2023 年 11 月在神华广东台山电厂 600MW 燃煤发电机组上实施高负荷工况掺氨试验，氨燃尽率达到 99.99%，氮氧化物排放浓度不增加。试验显示，锅炉大比例（>20%）掺氨燃烧 NOx 排放不高于纯煤粉燃烧，氨残余量处于较低水平（低于 15ppm）；掺氨可降低飞灰含碳量，CO 排放水平与纯煤粉工况相当（低于 200ppm），排烟温度略有下降；NOx 生成量与氨喷入位置的过量空气系数有关，在富氧区域喷入，NOx 将显著升高，在欠氧区域喷入，NOx 可能会更低，表明空气分级可降低氨煤混合燃烧后 NOx 浓度，但过高的燃尽风率会影响煤粉燃尽和锅炉效率；掺氨燃烧对燃烧器的稳燃能力没有影响。

煤电掺氢方面，国内对技术可行性、安全性等已开展较为深入的研究工作，研究认为无重大制约因素，但目前尚无工程试验示范。相比掺氨，煤电掺氢的电 – 电效率可提高 1/3 以上，通过工程示范验证推动煤电掺氢技术发展，煤电掺氢也可作为煤电减碳有效手段。鉴于氢气规模化储存较难，煤电掺氢适宜就近制取、厂内不存、直接掺烧。

3.2.2 减排潜力

煤电掺氨的碳减排潜力，客观上取决于绿氨资源供给、绿氨燃料成本等诸多因素，绿氨资源需要通过绿色可再生能源电力制取，因此煤电掺氨的减排潜力很大程度取决于可再生能源特别是风电光伏发电制取绿氨的总量。本节仅从绿氨资源角度，从理论上分析煤电掺氨的减排潜力，煤电掺氨成本在后文中分析。

1. 弃风弃光制氨情景。根据中电联统计数据，2023 年我国风电发电量约 8858 亿千瓦时，太阳能发电量约 5833 亿千瓦时；考虑弃风弃光量占比为 5% 并全部用于制备绿氨，可制备绿氨约 668 万吨，全部用于煤电机组掺烧，可替代约 427 万吨标煤，减少碳排放约 1136 万吨。按 2030 年风电、太阳能发电量达到 2.9 万亿千瓦时、弃风弃光 10% 用于制取绿氨，煤电掺烧绿氨可替代约 1686 万吨标煤，减少碳排放约 4484 万吨。按照上述测算，利用弃风弃光制氨再进行煤电掺氨，总体看短期内碳减排潜力比较有限；长远看，随着新能源开发规模的不断增大，可用于制取绿氨的新能源电力增加，通过绿氨替代燃煤减少碳排放的潜力不断增大。此外，需要考虑新能源项目与煤电机组的地理匹配性，如果距离较远，还会产生较高的运输费用。

2. 离网风光制氨情景。以 1 台百万煤电机组为例，假设掺氨比例为 10%，参照新能源大基地的典型风光装机比例，需光伏装机约 74 万千瓦，风电装机约 37 万千瓦。2023 年，我国煤电装机约 11.65 亿千瓦，按照平均掺氨比例为 10% 计算，所需的光伏装机约 8.6 亿千瓦，风电装机约 4.3 亿千瓦，约是目前我国光伏装机的 1.1 倍，风电装机的 0.9 倍。可以看出，采用风电光伏离网制氨的绿氨供应体系将很大程度上取决于风光等清洁能源资源分布，主要集中在西北、东北及西南地区，消费终端主要集中在中部以及东部负荷中心地区。我国绿氨供应成本的下降主要有赖于新能源的规模化开发以及电解槽技术迭代带来的设备成本下降。

3.2.3 减排成本

煤电掺氨成本主要取决于绿氨资源成本，而通过新能源电力制取绿氨，绿氨资源成本则主要取决于新能源电价水平。以下分别测算新能源电力电价分别为 0 元 /kWh、0.1 元 /kWh、0.2 元 /kWh 3 种情景下掺烧绿氨的经济性。

1. 零电价情景。以 1 台百万机组为例，假设掺氨比例为 20%，全年可减少碳排放量约 64 万吨，制备的绿氨规模约 38.3 万吨 /年。考虑电价按 0 元计算，折算绿氨成本约 1217 元 / 吨，同热值的煤炭价格按 514 元 / 吨考虑，每年增加成本约 2.7 亿元。如考虑煤电掺烧绿氨发电争取通过绿证、CCER 等弥补一定成本，其中绿证价格按 10 元 /MWh、CCER 按 60 元 /tCO$_2$ 测算，每年增加成本约 2.2 亿元，折算机组度电成本增加约 0.06 元 /kWh。

2. 新能源电价 0.1 元 /kWh 情景。以 1 台百万机组为例，假设掺氨比例为 20%，全年可减少碳排放量约 64 万吨，制备的绿氨规模约 38.3 万吨 / 年。考虑电价按 0.1 元计算，折算绿氨成本约

2317 元 / 吨，每年增加成本约 6.9 亿元。如考虑煤电掺烧绿氨发电争取通过绿证、CCER 等弥补一定成本，每年增加成本约 6.4 亿元，折算机组度电成本增加约 0.16 元 /kWh。

3. 新能源电价为 0.2 元 /kWh 情景。 以 1 台百万机组为例，假设掺氨比例为 20%，全年可减少碳排放量约 64 万吨，制备的绿氨规模约 38.3 万吨 / 年。考虑电价按 0.2 元计算，绿氨成本约 3417 元 / 吨，每年增加成本约 11.1 亿元。如考虑煤电掺烧绿氨发电争取通过绿证、CCER 等弥补一定成本，每年增加成本约 10.6 亿元，折算机组度电成本增加 0.27 元 /kWh。

从图 3.2-1 可以看出，煤电掺氨成本与绿电电价、绿氨成本、掺氨比例等密切相关，绿电电价越高、绿氨成本越高，煤电掺氨度电成本增幅也越高。

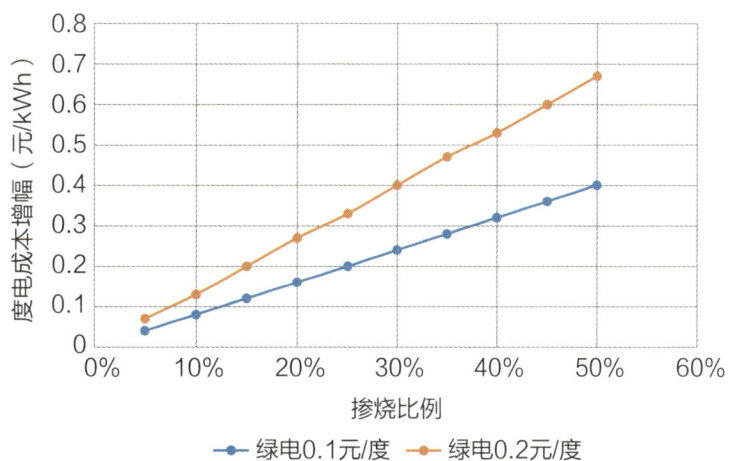

图 3.2-1　煤电掺烧绿氨的电价增幅

3.2.4　面临的挑战

1. 煤电掺氨的全流程效率。 利用绿氢合成绿氨并掺烧，涉及绿电制氢、空分制氮、合成氨、掺氨燃烧等流程。从能源转换效率来看，当前电解水制绿氢效率约 70%，绿氢与氮合成绿氨效率在 70% 左右，掺氨燃烧的煤电机组供电效率约 41%。可再生能源制备绿氨后掺烧的"电－氢－氨－电"全流程转换效率约 20%，但这个技术可将随机性、波动性的新能源电力转化为具有转动惯量、可调度的电力，电力品质截然不同。

2. 煤电掺氨的应用场景。 目前风光制备绿氨的成本超过 4000 元 / 吨，对应的氨发电度电价格约 1.8 元 /kWh，在掺烧比例 20% 时将拉高机组整体度电成本约 0.4 元。掺氨燃烧未来能否大规模推广，关键在于绿氨的制备成本能否大幅下降。当前阶段，初步分析煤电掺氨有两种应用情景：一是在中东部地区，结合合成氨产能分布选取现役机组开展不同容量、不同掺烧比例的验证，为存量煤电清洁低碳转型提供技术储备、为行业探索可行路径。二是在西部风光大基地，依托集中式规模化的新能源制取绿氨，开展煤电掺氨掺氢工程示范，合理确定绿氢绿氨制备和掺烧比例，可以在平滑出力曲线、降低风光消纳压力、保障装置利用率的同时，实现节煤降碳。

3. 氨燃料贮存及运输。 目前，液氨按危险化学品管理，生产场所 40 吨、储存区 100 吨即为重大危险源。2022 年，《电力行业危险化学品安全风险集中治理实施方案》要求燃煤电厂进行氨区改造，改造后厂内无液氨储存区。与氢相比，氨的液化和存储难度相对较低，国内相关标准体系和储运设施完备，液氨生产、运输、存储等环节的安全在技术上可以得到保障。重点要"一厂一策"针对性加强液氨储运接卸、设备运维和合规操作等方面管理，进一步压实企业安全主体责任。

3.3　二氧化碳捕集、利用与封存（CCUS）

3.3.1　发展现状

CCUS 包括二氧化碳捕集、利用和封存三个环节，不同环节处于不同的成熟水平，尚未得到均衡发展。碳捕集技术成熟度较高，二氧化碳强化石油开采等利用技术实现了商业化应用，二氧化碳地质封存、海上封存等封存技术尚未实现大规模应用。我国大部分 CCUS技术发展与国外差距不大，但国内外都尚未形成规模化、产业化发展，总体上受成本高昂、政策不明等多方面因素制约。

1. CO_2 捕集

CO_2 捕集技术主要包括燃烧后捕集、燃烧前捕集、富氧燃烧、化学链燃烧等技术路线，目前主流技术路线是燃烧后碳捕集。CO_2捕集技术（燃烧后捕集）较成熟，国内外大部分技术处于商业示范或规模化应用阶段，技术成熟度较高，我国碳捕集技术与国际水平基本相当。采用胺类溶液或高分子胺类材料的燃烧后碳捕集技术被广泛应用，关键技术在于高效低成本的胺吸收剂的研发，华能集团、国家能源集团等在吸收剂的研发和工程示范方面取得了较多成果。当前，CO_2 捕集主要受制于能耗高、捕集成本高，随着碳捕集技术的不断发展，其代际更替将加速推进，碳捕集成本与能耗有望进一步降低，以更好地实现规模化应用。据不完全统计，目前我国已投运和建设中的碳捕集示范项目有 50 余个，涉及电力、煤化工、水泥、钢铁等领域。2023 年 6 月，亚洲最大的火电厂碳捕集利用与封存项目——国家能源集团泰州电厂 50 万吨 / 年碳捕集及综合利用示范工程投产。

当前，煤电机组碳捕集比例还比较低，规模化后的碳捕集比例预计将大幅提高，但从技术上看，不宜按照 100% 全烟气量进行碳捕集。一方面，当前碳捕集率约 90%，即使全烟气捕集也只能实现脱除 90%；另一方面，碳捕集需要从汽轮机抽取大量蒸汽，蒸汽参数与采暖供热基本相当，相当于热电联产机组，如果全烟气捕集会牺牲机组的最大出力，不利于火电机组顶峰。如果按减排 25% 或 50% 比例进行设计，捕集装置可在机组向上顶峰时退出运行，捕集装置可视为可控热负荷，不影响机组的灵活性，也不影响机组的容量电价收益。

2. CO_2 利用

CO_2 主要用于食品、工业、化工等领域，食品及工业的焊接保护气等是目前我国 CO_2 消纳的主要渠道之一。我国目前开展了 CO_2 化学转化应用领域的技术，将 CO_2 纳入工业体系作为工业原材料，用于生产多种有机或无机化工产品，构建全新 CO_2 循环经济产业链。如借助 CO_2 催化加氢等技术生产甲醇、烯烃等基础化工产品；CO_2 转化合成高附加值的碳基新材料（碳纳米管、碳纤维、金刚石、石墨烯等）；矿化利用是指将 CO_2 与固废钙镁质成分发生碳酸化反应生成 $CaCO_3$ 或 $MgCO_3$，可实现大批量 CO_2 被永久稳定固化在建筑材料中。总体上看，相比煤电的 CO_2 排放规模，CO_2 市场化利用的空间相对有限。

3. CO_2 封存

CO_2 封存主要有驱油封存、驱替煤层气、驱气封存、增强页岩气开采、增强地热系统、铀矿浸出增采、强化深部咸水层开采、深部咸水层封存、枯竭油气藏封存、不可采煤层封存等方式。"十二五"期间，神华煤制油公司在鄂尔多斯盆地实施了我国首个 10 万吨级咸水层二氧化碳地质封存示范项目，2011 年—2015 年间完成 30 万吨二氧化碳地质封存，在二氧化碳地质封存的选址勘查、钻完井、注入、监测等关键环节形成了集成创新技术储备。2018 年，中国地质调查局、新疆油田在新疆准东实施了千吨级二氧化碳驱水与封存先导性试验，注入二氧化碳 1010 吨，验证了二氧化碳驱水技术可行性和地质安全性。

国内能源企业积极二氧化碳咸水层封存示范。国家能源集团、华能集团、陕煤集团等在鄂尔多斯盆地的鄂榆、陇东等区域，开展百万吨级咸水层封存场地选址勘探。中海油针对我国南海首个高含二氧化碳恩平 15-1 油田，将原油开采过程中捕集的二氧化碳就近海上封存，打造了我国首个海上 CCS 示范工程，截至到 2023 年 7 月底已封存二氧化碳 2 万吨。腾讯集团与冰岛 Carbfix 团队合作规划建设雷州半岛玄武岩二氧化碳矿化封存示范项目。此外，山东、江苏、黑龙江、河北等地方地质队伍开展了多处二氧化碳地质封存的选址勘探或试注工作，为规模化示范积累了经验。

在技术成熟度上，驱油封存已经达到或接近商业应用，整体具有较为成熟的驱油封存技术和完备的硬软件实力，碳封存后的监测体系、监测技术还需进一步完善。驱替煤层气封存技术尚处于工程试验阶段，铀矿浸出增采技术达到商业应用阶段，深部咸水层封存技术尚处于工业示范阶段；增强地热系统、增强页岩气开采等技术尚处于基础研究阶段，与国际先进水平仍存在一定差距。

3.3.2　减排潜力

总体上看，工业等 CO_2 利用方式因需求有限，可处置的 CO_2 规模较小，CO_2 大规模处置主要还需要依靠地质封存，地质封存的方式主要有油气藏封存、咸水层封存等，封存规模主要取决于地质条件。研究显示，我国 CO_2 地质封存潜力约 1.21 万亿吨~4.13 万亿吨，其中深部咸水层封存占 98%，且分布广泛，是较为理想的 CO_2 封存场所。

1. 油气藏封存。 我国油田主要集中于松辽盆地、渤海湾盆地、鄂尔多斯盆地和准噶尔盆地，根据《中国二氧化碳捕集利用与封存年度报告（2023）》，按现有探明油藏均具备二氧化碳地质封存考虑，油田封存潜力约 200 亿吨。中国气藏主要分布于鄂尔多斯盆地、四川盆地、渤海湾盆地和塔里木盆地，中国已探明气藏最终可封存约 150 亿吨 CO_2。

2. 咸水层地质封存。 中国地质调查局相关研究成果显示，我国陆域主要沉积盆地深部咸水层二氧化碳地质封存潜力达到万亿吨，其中西北地区封存潜力占比超过 50%，主要分布在塔里木盆地、准噶尔盆地、鄂尔多斯盆地、柴达木盆地等大型沉积盆地，其次是华北地区的渤海湾盆地、华北南部盆地，以及东北地区的松辽盆地、二连盆地；海域 19 个主要沉积盆地二氧化碳地质封存潜力约 2.58 万亿吨，主要分布在东海陆架、渤海、珠江口等大型沉积盆地。从源汇分布情况看，准噶尔盆地、吐鲁番－哈密盆地、鄂尔多斯盆地、松辽盆地和渤海湾盆地可作为火电 CCUS 重点区域，适宜优先开展 CCUS 全流程示范。

3.3.3 减排成本

结合我国已投产、在实施的煤电大规模碳捕集项目情况，初步测算我国当前碳捕集的成本约为 162 元/吨 ~302 元/吨 CO_2；其中，碳捕集吸收剂再生等消耗的蒸汽是主要成本，其次是二氧化碳压缩、液化等消耗的厂用电，以及二氧化碳吸收剂成本，而碳捕集装置的投资成本相对占比较小。

表 3.3-1　碳捕集成本构成

序号	项目		金额（元/吨 CO_2）
1	折旧费		40
2	用电消耗	管道运输	18~32
		罐车运输	50~90
3	蒸汽消耗		69~117
4	吸收剂消耗		30~50
5	除盐水、循环水、碱液等消耗		5
	合计碳捕集运行成本		162~302

CO_2 驱油方式。 根据中国石化胜利油田百万吨 CCUS 示范项目运行经验，采用 CO_2 驱油的换油率约 0.3t 油 /tCO_2，可提高采收率约 15%~20%，因此可承受一定的 CO_2 购买价格。对于煤炭价格较低的地区，如果采用管道运输且运输距离较短，碳捕集及运输的总成本预计可达到 200 元 / 吨以下，有望低于油气企业可接受的井口碳价，也即井口碳价可以覆盖碳捕集及运输成本，存在市场化盈利的可能性。如果按油气企业可接受的井口碳价为 100 元 / 吨测算，并考虑碳交易等收益，通过 CO_2 驱油方式减排 20% 二氧化碳，折算机组度电成本需要增加约 0.06 元 /kWh；如果减排 50% 二氧化碳，折算机组度电成本需要增加约 0.15 元 /kWh。

咸水层地质封存方式。 基于当前技术水平，陆上咸水层封存成本约为 60 元 /tCO_2，海底咸水层封存约为 150 元 /tCO_2~300 元 /tCO_2，枯竭油气田封存约为 50 元 /tCO_2。按陆上咸水层封存考虑，计及碳捕集和运输成本，并考虑碳交易等收益，通过咸水层地质封存方式减排 20% 二氧化碳，折算机组度电成本需要增加 0.07 元 ~0.10 元；如果减排 50% 二氧化碳，折算机组度电成本需要增加 0.18 元 /kWh~ 0.25 元 /kWh。

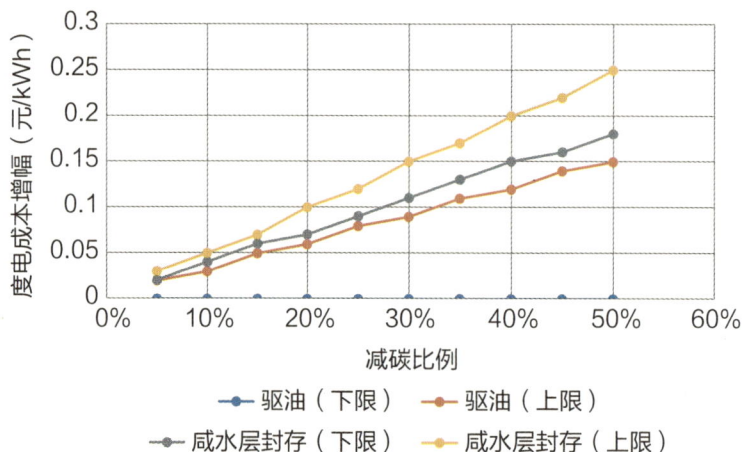

图 3.3-1　CCUS 的度电成本增幅

3.3.4　面临的挑战

1. 距完全商业化仍有一定距离。碳捕集成本仍然偏高，大规模工程实践较少，CO_2 地质封存尚未完全打通设计制造、施工建设、运行及封存监控全流程，项目建设和运行成本有待进一步降低。CO_2 市场化利用空间有限，咸水层封存技术处于先导性试验阶段。

2. 商业模式欠缺。相关政策还有待完善，商业模式还有待创新。国际经验显示，政府通过金融补贴、专项财税、强制性约束、碳定价机制等手段支持 CCUS，可提高企业积极性；同时，出台相应监管措施，明确 CCUS 项目开发的权责利划分，可提高企业长期运营的积极性。

3. 源汇匹配不佳和管道基础设施建设不足。新疆、陕西、内蒙古等地区碳源密集，与塔里木盆地、鄂尔多斯盆地等陆域封存地匹配度较高。东北、华北和川渝地区碳源与渤海湾、松辽、四川和苏北等大中型沉积盆地源汇匹配格局相对较好。华东大部分地区和华南地区陆域适合封存的沉积盆地少、封存潜力小，且受人口密集分布等影响较大，需要通过近海盆地实施海上地质封存。在缺少二氧化碳输送管网支撑的情况下，源汇不匹配制约 CO_2 封存容量的实际利用。

4. 配套法规标准和激励政策有待完善。 我国尚未建立 CCUS 相关的配套法规标准，实践中面临所有权不清晰、审批程序不明确等问题。由于目前 CCUS 的成本仍然较高，短期内需要政策支持，相关的价格、财税、金融等支持政策有待完善，企业自主实施 CCUS 意愿不强。

5. 煤电企业与油气企业较难联合开展 CCUS 项目。 碳捕集设施一般由电厂建设，管道运输和 CO_2 驱油由油气企业建设，电厂与油气企业往往难以就 CO_2 价格达成一致，导致项目难以顺利推进。

3.4 综合比较

从技术可行性来看，掺烧生物质、掺烧绿氢／氨以及 CCUS 路线都是可行的。

从碳减排潜力来看，采用地质封存的 CCUS 技术路线封存潜力最大，但当前阶段掺烧生物质和 CO_2 驱油可实现的年碳减排能力较大，掺烧绿氨当前阶段减碳贡献相对有限。

从碳减排成本来看，直接掺烧生物质和 CO_2 捕集后驱油的碳减排成本相对较低，掺烧绿氨的碳减排成本最高。直接掺烧生物质成本主要在于生物质燃料成本（按热值计）高于煤炭价格。CO_2 驱油需要考虑源汇匹配，运输距离不宜太远。

表 3.4-1　1 台 100 万千瓦机组不同减排路径成本比较

碳减排路径		度电成本增幅（元 /kWh）
CCUS（CO_2 驱油）	减排 20%	0~0.06
	减排 50%	0~0.15
CCUS（地质封存）	减排 20%	0.07~0.10
	减排 50%	0.18~0.25

续表

碳减排路径		度电成本增幅（元/kWh）
掺烧绿氨 （绿电 0.1 元/度）	减排 20%	0.16
	减排 50%	0.40
掺烧绿氨 （绿电 0.2 元/度）	减排 20%	0.27
	减排 50%	0.67
掺烧生物质	减排 20%	0.004~0.035
	减排 50%	0.01~0.087

　　分别测算不同减排技术路线减排 5% 至 50% 的碳排放所需的度电补贴范围，如下图所示。在当前气电电价水平内，基本可以覆盖 CCUS、掺烧生物质两种减排途径；当前掺烧绿氨的减排成本偏高。从经济性角度出发，按碳减排度电成本增幅由低至高分别为掺烧生物质 < CCUS（CO_2 驱油）< CCUS（地质封存）< 掺烧绿氨，宜优先支持推广掺烧生物质、CCUS（CO_2 驱油）的减碳技术路线。当前，CO_2 地质封存成本仍较高，可适时开展 CCUS（地质封存）示范。

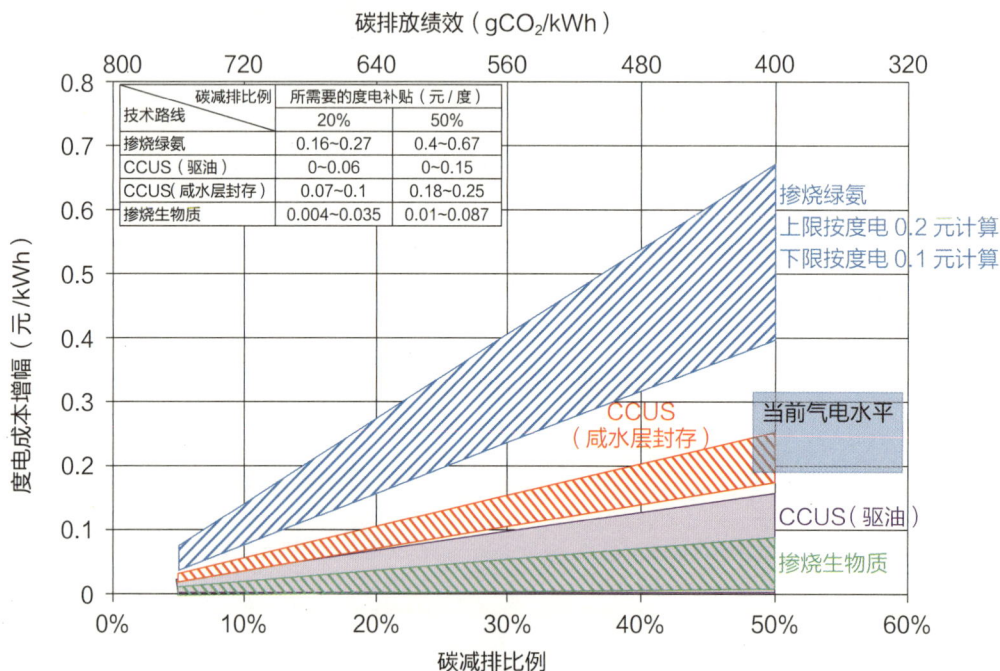

图 3.4-1　不同减排技术路线的成本比较

4 煤电灵活高效升级技术

4.1 深度调峰

4.1.1 锅炉制约因素及提升关键技术

1. 低负荷燃烧稳定性

关键制约因素：在低负荷下，锅炉一次风温、二次风温、煤粉浓度大幅下降，炉膛燃烧温度和强度显著降低，燃烧器着火稳定性变差，锅炉存在灭火风险。

提升技术路径：开发超低负荷稳燃的燃烧系统，增设小功率燃烧器、磨煤机，研究单台磨煤机运行可靠性。炉膛温度降低不可避免，需从燃烧系统入手，开发超低负荷稳燃燃烧器，优化燃烧环境，优化风煤比控制，提升控制水平提高风粉匹配性。

2. 水动力安全

关键制约因素：对于亚临界锅炉，负荷越低循环倍率越高，水动力安全可以保证。对于超（超）临界锅炉，一般设计最小直流负荷为 30%BMCR 左右。在深度调峰负荷下，锅炉水冷壁内工质流量降低，水冷壁质量流速降低，低于保证水动力安全的界限质量流速，流动稳定性差，易出现停滞、多值性、汽水分层、流量分配不均，并且燃烧热偏差大，极易发生传热恶化，水冷壁存在超温风险。超低负荷下长期湿态运行存在安全性风险。

提升技术路径：提高水冷壁质量流速；强化流动传热；研究燃烧与水冷壁工质协调耦合；通过创新的水冷壁设计，进一步降低最小直流负荷，保证锅炉干态运行，确保水冷壁安全。

3. 受热面安全

关键制约因素：在深度调峰负荷下，锅炉工质流量小，炉内燃烧均匀性差，燃烧侧偏差大、烟气侧偏差大、汽水侧偏差大，燃烧放热和受热面吸热匹配失调，分配均匀性失调，受热面壁温偏差大，可能出现局部温度超过最高氧化温度的情况，长期超温运行可能导致材质老化、氧化皮生成和脱落风险，影响机组运行安全性。

提升技术路径：提升受热面材质，优化减温系统设计，提升受热面壁温监控及预警能力，优化运行控制策略，提高受热面安全性能。通过合理的设计、保证工质侧和燃烧侧在低负荷下的稳定性，确保受热面安全。与快速变负荷工况一起协同考虑，研究受热面安全监测、预警和协调控制方法。

4. 低负荷积灰

关键制约因素：在深度调峰负荷下，烟气流速比较低，飞灰携带能力下降，飞灰不容易带走，∏型炉易在水平烟道区域积灰，塔式炉易在炉膛上方低温级受热面区域积灰，存在运行安全性风险。低负荷下吹灰易导致工况扰动，运行时长时间不吹又会导致塌灰等问题，造成恶性循环。

提升技术路径：主要通过疏灰、合理设计布置吹灰器加强吹灰的方法解决，并优化结构减少积灰，对调温挡板开度加以限制，避免调温烟道烟气流速过低。

5. 低负荷协调控制

关键制约因素：低负荷下存在风煤水动态匹配难、火焰稳定性差、燃烧效率低的问题，协调控制难度突出。目前锅炉的控制优化重点关注中高负荷，中低负荷控制协调水平偏低。

提升技术路径：通过针对性开展风、煤、水协调控制技术攻关，适应更低负荷深度调峰下锅炉控制要求。

4.1.2 汽轮机制约因素及提升关键技术

1. 末级、次末级长叶片汽流激振问题

关键制约因素： 传统汽轮机设计主要面向额定负荷和部分负荷，长期低负荷、超低负荷运行所引起的脱流、紊流、回流等流动问题将严重影响通流叶片安全性，尤其是低压长叶片，受涡流效应影响而导致叶片动应力突增，叶片将长期运行在叶片动应力高值区域，且叶片与气流之间的气弹性耦合问题还可能引发叶片颤振，导致叶片疲劳损伤，寿命损耗将明显增大，严重时将引起疲劳断裂。为此，汽轮机调峰深度很大程度上受限于低压长叶片耐振强度的水平，这也是调峰机组重要制约因素之一。

提升技术路径：（1）增加低压缸的运行状态参数实时监视，重点考虑对末级叶片进行温度监测，通过理论计算确保低压缸处于安全的运行工况。（2）增加长叶片的振动实时监测，当叶片处于汽流激振危险工况时，通过运行调整予以避开。

2. 末级、次末级长叶片鼓风问题

关键制约因素： 在深度调峰状态下，汽轮机末级、次末级甚至次次末级叶片极易处于做负功状态而不断升温，导致鼓风发热严重的现象。如不加控制，末两级长叶片温度可能升至 200℃以上，严重超出低压叶片材料使用限制，导致动叶片许用应力下降，还会降低叶片频率，引发叶片共振问题。排汽超温则会损坏凝汽器和排汽装置，还会对汽轮机的轴系稳定性产生影响，引发振动超标等问题。同时，当汽轮机在低压缸鼓风状态下运行时，内缸温度变化大、温度分布不均会引起叶顶间隙的改变，有出现动静碰磨的风险。

为避免鼓风风险，通常汽轮机排汽侧会增加喷水减温装置，当叶片低负荷运行而引起鼓风升温时，通过建立温度与喷水系统的联锁控

制，能够触发喷头喷水，从而为叶片降温。然而，低负荷工况下，叶片根部存在脱流、回流效应，汽流将携带喷头水滴倒流而冲刷动叶片出汽边，由于叶片出汽边很薄且应力水平高，出汽边回流水蚀要比叶片顶部进汽边水蚀更危险，长期运行会给叶片带来严重的安全隐患。为此，汽轮机深度调峰安全性将受到低压长叶片水蚀问题的制约，需要对喷水系统喷头喷水量、水滴雾化效果、喷水控制逻辑等因素着重关注。

提升技术路径：（1）构建深度调峰汽轮机低压长叶片设计体系，开发不同功率等级系列化适应深度调峰的长叶片；深入研究表面强化工艺措施，开发高硬度、抗水蚀性能优良的叶片材料，突破高硬度材质激光熔覆技术，解决深度调峰汽轮机叶片水蚀防护难题。（2）深入研究高雾化效果、压力可调的喷头装置，提高水雾贯穿距离、减小水滴直径、增大喷雾锥角，开发高雾化、低颗粒度喷水智能控制系统，既能够提高喷水减温效果，又可以减弱叶片出汽边回流水蚀问题。（3）提高真空，改善低压缸的运行条件。

3. 叶片状态不可知

关键制约因素：对于深度调峰汽轮机而言，经常需要大范围变工况和超低负荷运行，叶片发生事故的危险性增加，尤其是低压长叶片，因鼓风、水蚀、动应力突增等问题影响，叶片寿命损耗加剧。然而，目前汽轮机低压长叶片仍然缺少长期在线状态监测和故障诊断的方法和装置，仅能通过轴振系统间接评估叶片实时状态，但往往只有在叶片受到严重损伤甚至出现断裂事故的情况下，才能在轴振系统中体现出来，缺少监测的时效性和预见性。为此，叶片运行状态不可预知的问题制约了调峰机组运行的安全性。

提升技术路径：深入探究叶片典型故障表征方法，发展多源信息融合的故障微弱征兆识别和寿命预测维护方法，研制高性能叶片故障监测传感器及在线智能运维分析系统，开展示范验证，解决深度调峰汽轮机长叶片在线故障监测与诊断难题。

4. 辅助设备的安全性

关键制约因素：（1）汽轮机深度调峰时轴封系统管道、阀门等部件接触工作蒸汽的温度大幅升高，影响轴封系统安全运行。（2）低负荷运行工况下，疏水系统长期运行，疏水阀、疏水管路设备等受汽水冲刷严重，容易发生泄漏或损坏，影响机组安全性和经济性；（3）低负荷运行工况下，汽轮机排汽量较小，一方面乏汽对补水的加热能力不足，另一方面，凝汽器面积相对余量较大，容易造成凝结水过冷，最终造成热井氧含量较高。（4）机组低负荷运行时，加热器级间压差减小，疏水逐级自流不畅，而若采用危急疏水方式进行疏水排放，则会降低机组循环热效率，机组能耗增加。

提升技术路径：（1）优化轴封系统的管道、阀门材料等部件匹配，适应高温运行。（2）优化疏水系统的设备设计，疏水阀后增设温度测点，监视疏水阀的泄漏情况，疏水管道结构优化，提高设备的抗冲刷能力。（3）在热井增加除氧装置，消除凝汽器凝结水过冷度。（4）采用跨级疏水，最大限度地利用加热器疏水的热量。

4.1.3　发电机制约因素及提升关键技术

1. 发电机定子影响

关键制约因素：发电机运行时，定子线圈铜线、绝缘材料因大电流发热而产生轴向膨胀，同时定子铁芯也因磁负荷而产生热膨胀。钢、铜和绝缘三种材料的导热系数、线性膨胀系数不同，温度变化时不同材料的热膨胀差异较大，导致振动加剧、绝缘受损、固定结构松动磨损等问题。长期深度调峰运行影响定子线圈端部结构及定子绝缘的可靠性。

提升技术路径：（1）开展发电机定子关键材料变形量及膨胀空间评估研究。深度调峰等灵活性运行方式下，研究发电机定子铜线等材料部件在不同负荷温度下的变形量。（2）发电机适应深度调峰运行技术研究，如发电机定子槽内固定、端部滑移技术、端部弹性支撑等技术。优化定子槽内固定、定子绝缘系统以及端部支撑滑移结构，提升可靠性。

2. 发电机转子影响

关键制约因素：发电机运行时，转子线圈铜线、转子本体、绝缘材料因大电流发热而产生轴向膨胀，同时转子本体也因磁负荷而产生热膨胀。钢、铜和绝缘三种材料的导热系数、线性膨胀系数不同，温度变化时不同材料的热膨胀差异较大，导致振动加剧，绝缘受损、固定结构松动磨损等问题。长期深度调峰运行影响转子线圈端部结构及转子匝间绝缘的可靠性。

提升技术路径：（1）开展发电机转子关键材料变形量及膨胀空间评估研究。研究深度调峰等灵活性运行方式下，发电机转子铜线等材料部件在不同负荷温度下的变形量。（2）发电机适应深度调峰运行技术研究，如发电机转子端部弹性支撑等技术。

4.1.4 系统设计及辅机配置制约因素及提升关键技术

1. 磨煤机最小出力

关键制约因素：深度调峰时单台磨煤机负荷率仅约 40%，由于偏离设计点较远导致磨煤机风煤比高，磨机运行单耗高。

提升技术路径：通过采用磨煤机调速技术或大小磨配置方案，大小磨配置方案可采用 2 台 10% 小磨配置技术提高磨煤机低负荷运行效果；或者改变运行方式，低负荷工况下单台磨煤机运行。

2. 三大风机低负荷性能

关键制约因素： 目前大型高效燃煤发电机组的烟风系统多采用 2×50% 的双列配置方案，考虑到运行安全性以及风机切换系统复杂，在低负荷工况下仍采用双风机运行。受送、引风机最小运行流量的限制，在低负荷运行工况下，动调风机运行效率下降明显。由于风机的送、引风量实际要大于燃烧所需风量，且考虑到锅炉主机对于燃烧稳定性和水冷壁保护的要求，炉膛出口的氧量从设计点的 4%~6% 上升至 10% 以上，增加了排烟热损失从而降低了锅炉效率。风机长期在低负荷运行也增加了故障风险。

提升技术路径： 低负荷采用单台送、引风机运行，实现风机的自动投切；或者优化风机配置，降低风机选型容量。

3. 给水泵和凝结水泵再循环阀安全问题

关键制约因素： 低负荷下给水泵和凝结水泵再循环阀需长期开启，冲刷严重。

提升技术路径： 设置两路再循环，一用一备，两路均可满足启动和深度调峰时泵组的再循环需求。

4. 凝结水泵低负荷运行

关键制约因素： 低负荷下凝结水泵出口压力被减温水用户限制，无法深度变频调峰。

提升技术路径： 根据凝结水的用户需求，为压力需求高的用户单独设置升压泵。

5. 低负荷加热器疏水不畅问题

关键制约因素： 在低负荷下，相邻加热器压差过小，导致疏水不畅。

提升技术路径： 优化加热器布置位置和相邻加热器的高差，在有条件的情况下将上级加热器布置在下级加热器的上方，保证正常疏水的压差。

6. 给水全自动投切问题

关键制约因素： 2×50% 给水泵配置下，给水泵投切可能造成锅炉给水质量流量大幅波动，影响机组的安全运行，需要运行人员手动干预。

提升技术路径： 为了提升深度调峰下的机组自动化水平，除了进行主要调节回路的优化外，还需要对给水系统等进行控制逻辑的优化。

4.2 快速变负荷

4.2.1 锅炉制约因素及提升关键技术

1. 厚壁元件应力水平及寿命损耗

关键制约因素： 厚壁元件内外壁温差大，应力大，快速变负荷过程中壁温波动大，内外壁温差波动大，应力频繁变化，造成疲劳寿命损耗，高温集箱受蠕变、疲劳共同影响，造成蠕变疲劳损伤。

提升技术路径： 升级汽水系统关键受压部件材料，减小锅炉范围内关键承压元件的壁厚，必要时可开发性能更佳的更高等级新材料；增设厚壁元件监测系统，评估其寿命和应力水平。针对厚壁元件，了解其应力变化情况，计算其剩余寿命，提出预警，实现状态检修。

2. 受热面超温

关键制约因素： 深度调峰炉内燃烧均匀性差，燃烧侧偏差大、烟气侧偏差大、汽水侧偏差大，燃烧放热和受热面吸热匹配失调，分配均匀性失调。由于系统调节具有滞后性，烟气及工质侧偏差大，产生受热面超温的问题。

提升技术路径： 针对动态工况的受热面设计及安全性评估。了解中低负荷下燃烧对受热面壁温的影响，针对受热面及烟气流场精细设计，高温受热面可通过受热面材质提升，减温水系统精准控制，提升受热面管壁温监控能力，优化运行控制策略，提高受热面安全性能。提升自动控制水平，使燃烧放热和受热面吸热快速匹配，并采取措施对各种偏差进行调控。

3. 锅炉热惯性／热功率惯性影响

关键制约因素： 燃烧及制粉系统具有滞后性、热惯性，其难以克服。锅炉在所有主机设备中金属重量最重、保温材料量最多、工质容积最大，因此锅炉的热惯性最大，锅炉是运行难度较高的设备，虽然锅炉通常具备一定的灵活性，但存在调峰容量小、调节速率慢以及调峰调频时安全性下降等问题，这是锅炉在灵活运行中遇到的"卡脖子"问题。针对汽包锅炉，从燃料侧至工质侧响应较慢，难以满足AGC指令的要求。

提升技术路径： 开发快速给粉、增设小容量燃烧器等技术，如中储式煤仓、小粉仓、燃烧器配单台磨运行等。通过受热面升级改造，优化汽水流程，提升汽包锅炉响应速率。可通过辅助加热辅助放热等手段，尽可能地化解锅炉热惯性带来的迟滞影响，例如可增加储能系统实现机炉解耦。

4. 协调控制难

关键制约因素： 负荷变化时风煤水动态匹配难、火焰稳定性差、燃烧效率低的问题，协调控制难度突出。针对锅炉强耦合、大惯性等特点的协调控制难度较大，锅炉升降负荷时波动大。

提升技术路径：通过开发针对性的风、煤、水协调控制技术，适应负荷快速变化时锅炉控制要求。将锅炉机理融于协调控制中，个性化地定制协调控制方案。

5. 水动力系统安全性

关键制约因素：快速变负荷过程中，炉内热负荷快速变化，水冷壁吸热快速变化，燃煤量和给水流量难以精准匹配，质能匹配严重失调，协调耦合控制困难，干湿态转换时存在水动力安全性问题。中低负荷时，动态工况下燃烧稳定性的研究目前深度不足。

提升技术路径：提高超低负荷下水冷壁质量流速，保证锅炉变负荷过程中始终保持干态运行，精确匹配燃煤量和给水流量。研究改善动态工况下燃烧对水动力的影响。

6. 蒸汽产率响应速率不足

关键制约因素：锅炉设备庞大，内部蓄热大，热力系统迟滞性大。

提升技术路径：通过耦合其他先进的储能方式实现变负荷速率要求。

7. 燃料侧响应不足

关键制约因素：由于锅炉燃料需要先经过磨煤机制粉再进入炉膛燃烧，快速变负荷过程中会出现燃料侧响应不及时的情况，较难实现指标要求。

提升技术路径：开发快速给粉技术，如采用中储式煤仓、增设小粉仓等措施。

8. 氧化皮脱落

关键制约因素：快速变负荷过程中，受热面管子温度剧烈变化，由于氧化皮和管子母材热膨胀系数差异较大，会导致氧化皮脱落并沉积，严重时会引起管子堵塞，导致受热面超温爆管。即使现在水处理技术提升以及受热面材料提升基本上解决了曾经困扰电厂的锅炉氧化皮脱落问题，但高温受热面内壁蒸汽氧化仍是不可避免的，只是氧化速度低，而快速变负荷时，温度剧烈波动，氧化皮和母材线胀系数差异大，导致氧化皮开裂、疏松，造成氧化皮在厚度比较薄的情况下过早脱落，形成堵塞，危及受热面安全。

提升技术路径： 精准控制加氧，形成致密的氧化膜，选取抗氧化性能优良的耐高温抗氧化材料，采用不易堆积氧化皮的受热面结构。

4.2.2　汽轮机制约因素及提升关键技术

1. 进汽温度变化速率限制

关键制约因素： 超过汽轮机进汽温度变化速率限制将导致汽轮机高温热部件温度过快变化，从而引起热应力过大，导致设备损坏。因此，在汽轮机运行过程中，需要控制进汽温度的变化速率，以确保设备的安全和寿命。传统阀门无法适应进汽流量、温度的快速变化。

提升技术路径： 优化进汽参数配置，提高蒸汽参数与机组状态匹配性，设计与之匹配的进汽阀门。

2. 轴封系统汽源切换时的温度匹配

关键制约因素： 汽轮机在快速变负荷时，存在着系统匹配性及适应性问题。在快速变负荷时，自密封系统可能频繁在接收轴封用汽和向轴封供汽的状态之间切换。在切换至向轴封供汽时，供汽温度需要与轴封体、转子温度的温度匹配，否则容易出现轴振上升等安全性问题。

提升技术路径： 在切换至向轴封供汽时，调整供汽温度与轴封体、转子温度的温度匹配。

3. 汽轮机高温部件的寿命损耗

关键制约因素： 汽轮机高温部件包括转子、汽缸、阀门等。疲劳与蠕变损伤是汽轮机高温部件在服役过程中的主要寿命损伤形式。低周疲劳损伤取决于循环（启停或负荷变化）次数及其应力峰值大小，蠕变损伤决定于高温稳态工况下累积运行的时间。当疲劳和蠕变损伤累积达到限制值时，便意味着机组无裂纹结构寿命的终止。汽轮机组负荷快速变化、启停调峰运行时，伴随着蒸汽参数的剧烈变化，蒸汽温度的快速变化会导致高温部件产生较大的温度梯度，继而导致产生较大的热应力。在瞬态变化过程中，高温部件的热应力远大于机械应力，造成较大的疲劳寿命损耗。

提升技术路径： 通过结构优化、运行参数优化来减小高温部件的热应力，从而减小汽缸、转子、阀门等高温部件的寿命损耗。深入研究适应快速变负荷的汽轮机结构特点，综合考虑管系与汽缸相互影响关系，从汽轮机总体布置角度改进本体设计。通过机组现有的监测数据信息，并结合相关的基于物理模型的数学方法或借助人工智能相关算法，对重要高温热部件的疲劳蠕变寿命损伤情况进行实时在线监测，基于对关键部件健康状态的精准评估，为电厂实现状态检修模式提供支撑。

4. 传统滑销系统不适应灵活运行

关键制约因素： 汽轮机在启动、运行和停机过程中，汽缸的温度变化很大。为了使汽缸能自由地膨胀或收缩，并保持汽缸、轴承座和基础台板三者之间的中心不变，汽轮机都设有一套完整的定位、导向及推拉装置，即"滑销系统"。机组快速且频繁变负荷过程中，汽轮机进汽温度由于锅炉温度变化及汽轮机进汽节流等原因发生较大变化，导致汽轮机静子、转子膨胀不一致。目前世界上已投运的汽轮机采用过多种滑销系统，每种技术均有其优势和不足。针对快速变负荷和深度调峰运行要求，单独采用哪一种成熟的滑销系统都无法满足其技术要求，因此需要研究将几种成熟的技术进行组合，设计出新型的滑销系统，既能充分满足汽轮机各种工况运行的要求，又便于其快速安装检修。

提升技术路径： 设计同向膨胀的滑销系统保证启停或变工况下机组的安全可靠性。机组绝对死点及相对死点设计在高压缸和中压缸之间。动子与静子部件均同向膨胀。这样的滑销系统在运行中通流部分动静差胀比较小，有利于机组快速启动和变工况调峰运行。

5. 快速变负荷运行容易造成动静碰磨

关键制约因素： 汽轮机在快速升降负荷运行时，各动、静部件在径向和轴向均会发生不同程度的膨胀或收缩，这将会引起汽封的径向和轴向间隙发生显著变化。汽轮机汽封结构的设计不仅影响到汽轮机的经济性和安全性，还会影响到机组的灵活性。若要保证汽轮机具备快速变负荷的能力，常规方法是增大汽封径向和轴向间隙，但这势必会引起汽缸效率下降。同时，径向间隙变小后还会引起轴系的失稳，给机组安全运行带来不确定因素。为此，汽轮机灵活运行时的动静碰磨问题是制约煤电机组变负荷指标的重要因素之一。

提升技术路径： 突破先进汽封设计技术，解决频繁变负荷过程中的动静碰磨问题。

4.2.3 发电机制约因素及提升关键技术

1. 热胀冷缩的快速变化与频繁变化

关键制约因素： 相比于深度调峰主要体现为热胀冷缩的大幅变化，快速变负荷主要表现为热胀冷缩的快速变化与频繁变化。由于定转子绕组、铁芯、绝缘材料等热膨胀系数不同，加上定子绕组本身的电磁振动加上循环热应力的影响，可能会加剧类似磨损、振动情况，甚至导致定子绕组出现端部支架断裂等故障。

提升技术路径： 1）开展定、转子线圈变形及寿命评估研究。快速／频繁调峰等运行方式下，可能出现线圈变形、绝缘磨损、结构件疲劳损耗等。根据运行特点、结构件材质性能等因素进行研究，为变形、寿命评估等情况给出理论依据；2）开展发电机适应深度调峰运行技术研究，如发电机定、转子端部滑移技术、端部弹性支撑等技术、定子铁芯紧固技术等。

4.2.4　系统设计及辅机配置制约因素及提升关键技术

1. 锅炉制粉供粉严重滞后

关键制约因素： 一般煤电机组收到升负荷指令后，磨煤机需要3分钟~5分钟才能达到预期快速变负荷所需要的给煤量，锅炉燃料供给速度无法满足快速变负荷需求，需要增加锅炉快速补能措施。

提升技术路径： 通过增加小粉仓辅助系统向锅炉快速补粉。

2. 汽动给水泵汽源切换问题

关键制约因素： 低负荷下，由于低压汽源无法满足给水泵轴功率需要，给水泵汽轮机需由低压汽源切换为高压汽源。目前低负荷下无法实现两路汽源的自动切换。

提升技术路径： 设置自动控制逻辑在低负荷时实现给水泵汽轮机高低压汽源的自动切换。

3. 高加温升速率限制

关键制约因素： U型管高加升温速率限制为 +3℃/分钟、−2℃/分钟，无法满足快速变负荷需求。

提升技术路径： 采用蛇形管高加，替代U型管高加。

4. 全厂控制自动跟踪系统

关键制约因素：深度调峰的机组负荷指令接受电网 AGC 调度变化比较频繁，锅炉燃烧滞后特性明显，机组锅炉和汽轮机的能量实时匹配难度更大；另外，快速响应 AGC 和一次调频时更容易造成主蒸汽压力和温度超调过大。

提升技术路径：在低负荷工况时，机组被控过程的动态特性变化显著。煤质、燃烧稳定性、电网调度指令的频繁变化等各种扰动因素叠加时，需引入更智能、鲁棒特性更好的先进控制方案，如采用基于过程模型的控制策略，更有效提高深度调峰下的机组控制性能。

(4.3) 启停调峰

4.3.1 锅炉制约因素及提升关键技术

1. 厚壁元件应力水平及寿命损耗（同快速变负荷）

关键制约因素：厚壁元件内外壁温差大，应力大，快速变负荷过程中壁温波动大，内外壁温差波动大，应力频繁变化，造成疲劳寿命损耗，高温集箱受蠕变、疲劳共同影响，造成蠕变疲劳损伤。

提升技术路径：升级汽水系统关键受压部件材料，减小锅炉范围内关键承压元件的壁厚，必要时可开发性能更佳的更高等级新材料；增设厚壁元件监测系统，评估其寿命和应力水平。针对厚壁元件，了解其应力变化情况，计算其剩余寿命，提出预警，实现状态检修。

2. 锅炉膨胀不均，引起局部应力过大，易造成锅炉设备拉裂

关键制约因素：快速启停工况下会出现偏差变大、受热不均的情况，受热不均会导致管间温差大、热膨胀不均、热应力变大，比较常见的就是膜式水冷壁拉裂，甚至出现爆管影响锅炉安全运行。

提升技术路径： 降低燃烧侧和工质侧偏差，控制启停速率，设置受热面壁温在线监控，结构上采用柔性设计。通过智能三维膨胀系统，实时监测锅炉膨胀情况。

3. 需评估启停次数对锅炉设备寿命的影响

关键制约因素： 机组频繁启停会导致锅炉过热、过冷的情况，使燃烧不充分，燃烧效率下降，出现受热面拉裂、氧化皮脱落等问题，同时会对泵、阀门等设备造成损坏，加速设备老化，缩短锅炉寿命，影响锅炉安全运行。锅炉疲劳寿命损耗与启停次数以及启停方式直接相关，启停次数越多，速度越快，疲劳寿命损伤越大，需要保证在整个寿命期内寿命损耗率不超过 70%。

提升技术路径： 目前关于启停次数对锅炉设备寿命影响的研究比较少，根据相关标准及运行经验，启停次数对锅炉寿命影响的评估主要在厚壁承压元件，如标准 GB/T 30580—2020《电站锅炉主要承压部件寿命评估技术导则》。运行模式对寿命也有较大的影响，建议采取定压 – 变压的运行模式，控制启停次数和按启停曲线控制。

4. 锅炉的维护和检修需适应新的调峰政策需求

关键制约因素： 为适应电力系统需求，目前部分地区火电机组启停调峰越来越频繁，而电厂锅炉的维护和检修一般视情况为 4 年 ~6 年一次大修，1 年左右一次小修，较难适应目前调峰政策的需求。

提升技术路径： 根据电厂调峰频次，适当调整锅炉维护和检修的周期，电厂需统一协调考虑运行、维护、检修。

4.3.2 汽轮机制约因素及提升关键技术

1. 汽轮机高温部件寿命损耗大

关键制约因素： 影响汽轮机启停速率的重要制约因素是处于高温

高压区域的厚壁零件的热应力限制。由于汽轮机进汽区的汽缸和阀门等部件需要承受很高的蒸汽压力，需要将部件尺寸设计得较大，壁厚也较厚。在汽轮机启停过程中，高温部件所接触的蒸汽压力和温度也发生较大变化。由于金属部件尺寸和壁厚较大，其被加热和冷却的速度较蒸汽温度变化要缓慢得多，因此在高温部件表面与芯部将出现明显的温度梯度。由于金属的热应力与温差成正比，在灵活性运行工况下，汽轮机启动、停机、变负荷、超低负荷运行变化的频率大幅度增加，意味着蠕变－疲劳交互作用更加显著，当温差达到极限值时，在多次应力循环作用下，汽缸壁将会产生裂纹，严重影响汽轮机频繁启停的可靠性。

提升技术路径：构建汽轮机高温部件快速启停、频繁启停过程中的寿命损耗评估算法，开发关键部件寿命在线评估系统。

2. 胀差波动

关键制约因素：汽轮机在快速启停过程中，各动、静部件在径向和轴向均会发生不同程度的膨胀或收缩，这将会引起汽封的径向和轴向间隙发生显著变化。汽轮机汽封结构的设计不仅影响到汽轮机的经济性和安全性，还会影响到机组的灵活性。若要保证汽轮机具备快速启停的能力，常规方法是增大汽封径向和轴向间隙，但这势必会引起汽缸效率下降。同时，径向间隙变小后还会引起轴系的失稳，给机组安全运行带来不确定因素。汽缸质量大，单面接触蒸汽膨胀慢，而转子质量小，且在蒸汽中旋转，膨胀快，并且汽缸和转子的材料膨胀系数差异也会导致机组启动运行过程产生胀差。在机组启停调峰中，蒸汽流量、温度等参数相应变化，容易导致汽缸、转子的膨胀不一致，造成胀差波动。

提升技术路径：通过采用先进的轴封技术，提高存在安全风险部位的胀差允许值。设计同向膨胀的滑销系统，保证启停或变工况下机组的安全可靠性。机组绝对死点及相对死点设计在高压缸和中压缸之间。动子与静子部件均同向膨胀。这样的滑销系统在运行中通流部分动静差胀比较小，有利于机组快速启动和变工况调峰运行。

3. 传统滑销系统不适应快速、频繁启停运行

关键制约因素： 汽轮机在启动、运行和停机过程中，汽缸的温度变化很大。为了使汽缸能自由地膨胀或收缩，并保持汽缸、轴承座和基础台板三者之间的中心不变，汽轮机都设有一套完整的定位、导向及推拉装置，即"滑销系统"。目前世界上已投运的汽轮机采用过多种滑销系统，每种技术均有其优势和不足。针对灵活性汽轮机快速且频繁启停的要求，单独采用哪一种成熟的滑销系统都无法满足其技术要求。

提升技术路径： 设计出新型的滑销系统，既能充分满足汽轮机各种工况运行的要求，又便于其快速安装检修。聚焦快速启停过程动静部件膨胀不均而导致滑销系统卡涩问题，采用多种滑销系统组合配置方式，最大程度缩短滑销系统轴向长度，将高、中压高温部分靠近转子膨胀死点，减少通流相对胀差，降低通流布置难度。优化轴承箱锚固板布置方案，确保轴承箱限位可靠性。

4.3.3　发电机制约因素及提升关键技术

1. 零部件的磨损，材料使用寿命缩短

关键制约因素： 频繁启停机、反复通过临界、并网等加大了对转轴的机械损耗，槽内间隙的影响会加大槽内零部件的磨损。发电机运行时，定子线圈铜线、绝缘材料因大电流发热而产生轴向膨胀，同时定子铁芯也因磁负荷而产生热膨胀。钢、铜和绝缘材料的导热系数、线性膨胀系数不同，温度变化时不同材料的热膨胀差异较大，导致绝缘受损、固定结构松动磨损等问题。

提升技术路径：1）开展定、转子线圈变形及寿命评估研究。快速／频繁调峰等运行方式下，可能出现转子线圈变形、绝缘磨损、结构件疲劳损耗等。根据运行特点、结构件材质性能等因素进行研究，为变形、寿命评估等情况给出理论依据；2）开展发电机适应深度调峰运行技术研究，如发电机定、转子端部滑移技术、端部弹性支撑等技术、转子槽内布置技术等；3）优化定子线圈端部结构及定子绝缘滑移系统，优化转子线圈匝间绝缘及转子滑移系统。

2. 匝间短路

关键制约因素：钢、铜和绝缘材料的导热系数、线性膨胀系数不同，温度变化时不同材料的热膨胀差异较大，频繁启停调峰运行影响转子线圈绝缘的可靠性。转子绕组长期处于热胀冷缩交替变化的状态，易引起转子线圈端部绕组转角 R 处变形，加上匝间绝缘的磨损的加剧，严重时容易引起转子匝间短路甚至包间短路。

提升技术路径：优化转子线圈匝间绝缘及转子滑移系统。

4.3.4 系统设计及辅机配置制约因素及提升关键技术

1. 设备转动备用

关键制约因素：根据启动曲线，启动过程分为从点火到冲转、冲转至并网和从并网至满负荷三个阶段，耗费时间难以压缩。

提升技术路径：如果在热态启动尤其短时间停机工况下，可以采取停机不停炉和汽轮发电机组带厂用电负荷两种模式，节省从点火到冲转、冲转至并网的时间，加快启动速度。一是实现机组的快速甩负荷（FCB）功能，即机组能够快速甩负荷至带厂用电运行，实现快速启停；二是减少辅机裕量，或者减少机组停机不停炉状况下主要辅机运行数量，并采取等离子稳燃措施。

2. 自动控制技术

关键制约因素： 大容量火力发电机组运行参数高，设备数量多，工艺系统关联性更加紧密，运行工况转变更为快速，尤其在机组启动和停运过程中集中了大量的设备启停切换、参数调整等操作，增加了运行人员操作的难度。

提升技术路径： 设计完善的机组自启停控制系统。机组自启停控制是建立在完善的控制系统设计和主辅机有良好的可控性基础上的，它可以有效促进和提高机组自动化水平，使机组按照规定的、优化的程序进行设备的启停操作，不仅大大简化了操作人员的工作，更重要的是规范了机组启停操作的标准程序，减少了出现误操作的可能性，从而整体提高机组启停的安全可靠性。

4.4 宽负荷高效

4.4.1 锅炉制约因素及提升关键技术

1. 排烟损失 q_2

关键制约因素： 在中低负荷过量空气系数呈现大幅上升的趋势，而中低负荷下排烟温度下降有限，q_2 会略微上升。

提升技术路径： 一是可通过优化燃烧器减少系统漏风。二是考虑将锅炉设计基准点适当下调，兼顾低负荷经济性。三是受热面设计留有余量，采用更多的调温手段，尽可能减少过剩空气系数调节幅度，降低锅炉设计经济工况点，减小选型设计裕量，避免裕量叠加。

2. 固体未完全燃烧损失 q_4

关键制约因素： 低负荷时磨煤机由于负荷率太低，磨煤机出口煤粉细度不能达到设计值；低负荷时过量空气系数大，煤粉浓度低，燃烧温度降低，煤粉燃尽度降低、燃烧不完全。若燃用较差煤种，飞灰、大渣含碳量会略有升高。

提升技术路径： 通过磨煤机及燃烧系统针对性设计，考虑增设配套小功率磨煤机及燃烧器，提高低负荷时磨煤机负荷率，保证磨煤机出口煤粉细度，实现宽负荷范围内煤粉高效率燃烧。提高煤粉细度和均匀性，优化配风。采用技术手段提升磨煤机出口风、粉混合温度。

3. 主汽温度达不到设计值

关键制约因素： 理论上直流锅炉主汽温度通过煤水比调节，一定能够达到设计温度，但锅炉运行工况偏离最优设计工况较大，汽温提升受壁温安全性制约，需要避免出现局部超温、温度偏差超限值等，往往达不到额定汽温。中低负荷调整空间有限，导致过热器汽温调节手段受限。锅炉方案以额定负荷作为设计基准，低负荷运行时偏离最优设计工况，受热面布置方案无法完全适应低负荷吸热需求；低负荷时工质侧、烟气侧偏差扩大，导致壁温偏差大，可能存在一侧超温，另一侧未达汽温的情况。

提升技术路径： 调整锅炉设计基准点，优化受热面布置方案；通过精准的偏差控制技术，降低壁温偏差，增强达汽温能力。

4. 再热温度达不到设计值

关键制约因素： 锅炉方案以高负荷作为设计基准，低负荷运行时偏离最优设计工况，受热面布置方案无法完全适应低负荷吸热需求；锅炉设计点为 BMCR，为确保高负荷再热器不能有减温水，导致中低负荷再热器汽温较低。现有再热汽调温方式一般通过挡板或燃烧器摆动调节，低负荷时再热汽吸热比例与满负荷差别较大，调节效果有限；低负荷时工质侧、烟气侧偏差扩大，导致壁温偏差大，可能存在一侧超温，另一侧未达汽温的情况。锅炉运行工况偏离最优设计工况较大，再热器一般为对流受热面，低负荷炉膛和辐射过热器吸热比例增加，导致再热器热量分配不足，即使使用挡板调温和摆动燃烧器等手段，仍然不能使再热器达到额定汽温。

提升技术路径： 调整锅炉设计基准点，优化受热面布置方案；探究多种调温方式耦合的调温方案，比如在常规挡板或者摆动燃烧器调温基础上增设烟气再循环等；通过精准的偏差控制技术，降低壁温偏差，增强达汽温能力。按不同负荷，不赋予同权重，为提升中低负荷再热器汽温，接受满负荷再热器喷入少量减温水，并辅以新燃烧系统和灵活的调整策略及手段。

4.4.2 汽轮机制约因素及提升关键技术

1. 低负荷通流效率下降

关键制约因素： 以往汽轮机为降低机组成本、确保轴系强度合格，通常采用大焓降通流叶片设计理念，通流叶片数量少、通流级数少、平均级焓降大。根据最新多级小焓降设计技术的研究和应用反馈，汽轮机根径和级数对通流效率有着重要影响，存在最佳根径和级数的匹配点，能够显著降低流动损失、提高通流效率。随着负荷的降低，汽轮机通流级的压比或者焓降的变化，会导致通流速度三角形变化，进而导致气动参数发生变化，叶片入口出现攻角，导致叶片损失增加，通流效率下降，进而影响机组的经济性。尤其是低压末级叶片，在部分负荷运行时，其焓降大幅降低，排汽角度大幅变化，导致排汽损失增大，机组经济性下降。为此，面向煤电高效设计目标，应深入研究汽轮机通流损失的产生机理，转变高效汽轮机的设计理念，构建多级小焓降通流设计方法，为高效汽轮机设计提供理论支撑。

此外，传统汽轮机通流设计主要面向额定负荷和部分负荷，缺少宽广工况高效运行理念。汽轮机低压通流在小容积流量工况运行时，原设计流场将会被破坏，叶片沿叶高的热力参数将重新分布，汽流在动叶片根部和静叶栅出口顶部出现流动分离，形成分离涡和回流区。并且负荷越低，相对的容积流量越小，旋涡区就越大，分离的相对高度也就越大，超低负荷运行将严重影响经济性，甚至造成末级叶片鼓风耗功，导致低负荷运行汽轮机通流效率差、损失大、整机热耗增加值高。为此，在多级小焓降高效通流设计思路上，需要进一步开发宽负荷、高效叶型，确保汽轮机通流叶片在全工况范围内均达到低损失、高效率，最大程度降低汽轮机低负荷工况的热耗增加值，满足煤电宽负荷高效运行的技术指标要求。

提升技术路径：突破宽负荷、高效叶型设计技术。深入研究小焓降设计引起的叶片宽度与叶片强度、通流级数与转子长度、级焓降与根径等因素之间的矛盾关系，不断发展多级小焓降宽负荷叶型设计技术、叶片预扭设计技术、宽负荷叶片损失测试技术，构建完备的多级小焓降、预扭叶片设计体系；突破进排汽复杂结构气动优化设计技术，构建先进的优化设计理念，开发进排汽流场计算、分析和优化平台；兼顾汽轮机全负荷工况平均吸热温度提升、排汽侧冷端损失降低要求，协同优化汽轮机回热系统配置、参数设计及运行方案；最大程度实现冷端能量综合梯度利用，深入研究双冷源双背压低真空技术，开发兼顾热电解耦的双背压低真空供热系统。

降低通流对攻角变化的敏感性，使通流保持在宽负荷运行下的高效。设定合理的背压，结合机组负荷分配评估，选用合适规格的末叶片，能有效减少部分负荷排汽损失，提升机组运行经济性。利用高效宽负荷低压排汽缸和低压叶片设计平台，通过调整末两级叶片的焓降分配及叶片分布，对末级叶片和排缸进行优化。

2. 系统效率降低

关键制约因素： 随着负荷降低，机组主汽压力、给水温度等系统参数逐渐降低，冷端损失占比增大，导致机组循环效率下降，宽负荷经济性降低。

提升技术路径： 围绕煤电在高效宽负荷方面的基准指标，需要改变传统的设计思路，应该以宽负荷运行经济性最优的思路对系统配置进行重新审视和设计。系统配置方面，应考虑如何提升部分负荷运行时的机组循环效率，提升机组运行经济性。

4.4.3 发电机制约因素及提升关键技术

1. 关键参数与新型电力系统的匹配性

关键制约因素： 宽负荷高效，即发电机在不同负荷下，其关键性能参数，如效率、短路比，需满足系统设计要求，保持较高水平。目前发电机设计是基于额定工况选取最优设计参数，未考虑低负荷工况下的高效性。相比较以往只考核额定负荷下的指标水平，提出了更高的技术要求，关键参数需与设计院配合，来进行发电机参数选型、短路比、暂态参数和时间常数等；适应深度调峰运行的结构匹配设计、轴系抗疲劳优化。

提升技术路径： 结合机组实际运行工况，同时考虑额定工况和低负荷工况下发电机性能指标，选取合适的效率平衡点。根据运行需求完成发电机辅助系统参数优化，降低厂用电，提高效率。

4.4.4　系统设计及辅机配置制约因素及提升关键技术

1. 低负荷下小机汽源节流运行的损失

关键制约因素： 由于低负荷下小机输出轴功率与给水泵需求功率不匹配，需要关小主汽门对蒸汽节流。

提升技术路径： 采用带发电机的汽动给水泵组，节流损失通过发电机进入厂用电，提高小机效率，降低厂用电率。

2. 给水温度偏低

关键制约因素： 低负荷下由于抽汽压力的降低，热力系统加热能力不足，远离最佳给水温度，汽机热耗上升。另外，主机厂需要核算低负荷工况下省煤器的安全性，防止膜态沸腾。

提升技术路径： 通过增设 0 号高加，多级回热的方式提升给水温度。

3. 低负荷厂用电率高

关键制约因素： 燃煤机组低负荷工况下由于运行参数不在选型点，造成主要辅机厂用电率大幅上升。

提升技术路径： 燃煤机组的厂用电率主要取决于三大风机、磨煤机、脱硫除尘系统等辅机和其他大功率辅机设备等。受运行特性以及辅机设计制造水平限制，目前机组满负荷运行工况厂用电率大约为 4%~6%，在 20%~30% 负荷工况将大幅上升至 8%~10% 甚至更高。主要改进方向包括变频调速以及设计选型优化、提高加工制造水平等。

4.5　灵活性提升技术经济性分析

以上分析了煤电机组在深度调峰、快速变负荷、启停调峰、宽负荷高效等灵活性提升等方面可能会遇到的关键制约因素，并相应给出了技术提升路径，每种技术路径有不同的技术解决方案，相应的投资成本估算见下表。

表 4.5-1　煤电灵活高效提升关键技术及投资成本估算

指标体系	分工	制约因素及制约机理		关键技术		投资成本估算（万元）（以 2×100 万 kW 机组为例）
		制约因素	针对基准指标	针对先进指标		
深度调峰（基准指标：最小出力烟煤 20%，贫煤、褐煤 25%，无烟煤 35%；先进指标：最小出力烟煤 15%）	锅炉	低负荷燃烧稳定性	锅炉低负荷稳定燃烧技术	根据超低负荷需求来增设小功率燃烧器、磨煤机		2000
		水动力安全	已成熟	超低负荷水动力安全技术		8000
				水动力计算技术		无
				超低负荷干态运行技术		无
		受热面安全	已成熟	受热面设计技术		无
				受热面安全控制技术		需根据项目具体要求评估改造范围，目前阶段较难评估制造费用
		低负荷积灰	已成熟	新型吹灰系统		250
		低负荷协调控制难	已成熟	风煤水动态匹配及协调控制技术		无
	汽轮机	末级、次末级长叶片汽流激振问题	深度调峰低压缸运行安全实时监测与保护技术			200
			叶片振动与间隙实时监视技术			500
			超低负荷汽轮机长叶片涡激振动效应分析技术			无
		末级、次末级长叶片鼓风问题	汽轮机低压长叶片表面强化工艺			无
			高雾化、低颗粒度喷水系统智能控制技术			无
				分级喷水减温技术		300

续表

指标体系	分工	制约因素及制约机理		关键技术		投资成本估算（万元）（以 2×100 万 kW 机组为例）
		制约因素	针对基准指标	针对先进指标		
深度调峰（基准指标：最小出力烟煤 20%，贫煤、褐煤 25%，无烟煤 35%；先进指标：最小出力烟煤 15%）	汽轮机	末级、次末级长叶片鼓风问题		适应深度调峰的高强度、高阻尼低压长叶片研制技术		无
				末级叶片长寿命防冲蚀的涂层技术		200
		轴封等辅助设备的安全性	适应高温工作的轴封系统			60
		叶片状态不可知		多源物理场信息融合的叶片故障微弱征兆识别及诊断技术		400
	发电机	发电机定子影响	定子槽内固定技术			很少
			定子线圈端部弹性固定技术			很少
				子绝缘系统抗疲劳电热老化、定子端部滑移结构的设计技术		70
		发电机转子影响	转子滑移技术			很少
			转子端部弹性固定技术			很少
	系统设计及辅机配置	磨煤机最小出力	磨煤机调速技术			500
				2 台 10% 小磨配置技术		700
		三大风机低负荷性能	低负荷单风机运行技术			40
				风烟系统全自动投切控制技术		50
		给水泵和凝结水泵再循环阀安全问题	深度调峰下再循环系统设计技术			150
		凝结水泵低负荷运行	凝结水泵深度变频技术			100
		低负荷加热器疏水不畅问题	深度调峰加热器布置技术			无

续表

指标体系	分工	制约因素及制约机理	关键技术		投资成本估算（万元）（以2×100万kW机组为例）
		制约因素	针对基准指标	针对先进指标	
快速变负荷（基准指标：50%及以上负荷≥3%P_e/分钟，50%以下负荷≥1.5%P_e/分钟；先进指标，50%及以上负荷≥4%P_e/分钟，50%以下负荷≥2%P_e/分钟；）	锅炉	厚壁元件应力水平及寿命损耗	锅炉寿命在线监测技术		500
				低应力柔性结构设计技术	看材料提升等级确定
				提升材料等级降低厚壁元件壁厚	看材料提升等级确定
		受热面超温	受热面动态安全设计技术		无
			受热面安全性及偏差控制技术		500
		锅炉热惯性/热功率惯性影响	受热面流程优化技术		无
			快速变负荷高效稳定燃烧技术		1000
		协调控制难	基于锅炉机理的锅炉协调优化控制技术		无
			风煤水动态匹配及协调控制技术		
		水动力系统安全性	超低负荷干态运行技术		
			动态工况下水动力计算技术		无
			快速变负荷水动力安全技术		无
		30%以下负荷的燃烧稳定性	快速变负荷高效稳定燃烧技术		2000
		蒸汽产率响应速率不足	提升锅炉负荷响应速率技术		无
				增加熔盐储热系统	按储热容量确定
		燃料侧响应不足		快速给粉技术	1000
		氧化皮脱落	氧化皮控制技术		

续表

指标体系	分工	制约因素及制约机理		关键技术		投资成本估算（万元）（以 2×100 万 kW 机组为例）
		制约因素	针对基准指标	针对先进指标		
快速变负荷（基准指标：50% 及以上负荷 ≥3%Pₑ/分钟，50% 以下负荷 ≥1.5%Pₑ/分钟；先进指标，50% 及以上负荷 ≥4%Pₑ/分钟，50% 以下负荷 ≥2%Pₑ/分钟；）	汽轮机	进汽温度变化速率限制	高灵活汽轮机进汽阀门设计技术		无	
			温度裕度准则优化技术		400	
		轴封系统汽源切换时的温度匹配	轴封电加热器技术		50	
		汽轮机高温部件的寿命损耗	运行及启停参数优化技术		无	
			结构优化技术		无	
			高灵活汽轮机关键部件寿命损伤评估技术		温差较大部件提高材料性能等级，会产生费用	
			高温热部件寿命监测技术		300	
		传统滑销系统不适应灵活运行	同向膨胀的滑销系统		150	
			高灵活汽轮机新型滑销系统设计技术		无	
		快速变负荷运行容易造成动静碰磨	高灵活性汽轮机先进汽封设计技术		无	
	发电机	热胀冷缩的快速变化与频繁变化	定子铁芯紧固技术		很少	
			转子端部弹性固定技术		很少	
			定子线圈端部弹性固定技术		很少	
	系统设计及辅机配置	锅炉制粉供粉严重滞后	小粉仓技术		1200	
			燃气掺烧技术		300	
		汽动给水泵汽源切换问题	汽动给水泵汽源自动切换技术		无	
		高加温升速率限制		蛇形管高加技术	1000	
		全厂控制自动跟踪系统	智能协调控制技术		300	

续表

指标体系	分工	制约因素及制约机理	关键技术		投资成本估算（万元）（以 2×100 万 kW 机组为例）
		制约因素	针对基准指标	针对先进指标	
启停调峰（基准指标：启停调峰6000次，热态启动时间小于2小时；先进指标：启停调峰9000次，热态启动时间小于1.5小时）	锅炉	厚壁元件应力水平及寿命损耗	锅炉寿命在线监测技术		500
				低应力柔性结构设计技术	视材料提升等级确定
				提升材料等级降低厚壁元件壁厚	视材料提升等级确定
		锅炉膨胀不均，引起局部应力过大，易造成锅炉设备拉裂	偏差控制技术		500
			低应力柔性结构设计技术		无
			锅炉智能三维膨胀系统		无
		需评估启停次数对锅炉设备寿命的影响	启停次数对锅炉设备安全性的评估技术		无
		锅炉的维护和检修需适应新的调峰政策需求	适应于频繁深度调峰的锅炉检修技术		无
	汽轮机	快速且频繁启停下，汽轮机高温部件寿命损耗大	频繁启停汽轮机关键部件寿命损伤评估技术		无
		胀差波动	快速启停汽轮机先进汽封设计技术		无
		传统滑销系统不适应快速、频繁启停运行	适应快速启停的汽轮机新型滑销系统设计技术		无
	发电机	零部件的磨损，材料使用寿命缩短	转子槽内布置技术		很少
			转子端部弹性固定技术		很少
			定子线圈端部弹性固定技术		很少
				优化结构与材料满足启停调峰运行20000次	

续表

指标体系	分工	制约因素及制约机理		关键技术		投资成本估算（万元）（以 2×100 万 kW 机组为例）
		制约因素	针对基准指标	针对先进指标		
启停调峰（基准指标：启停调峰 6000 次，热态启动时间小于 2 小时；先进指标：启停调峰 9000 次，热态启动时间小于 1.5 小时）	发电机	匝间短路	优化结构与材料满足启停调峰运行 10000 次			
		线圈间、线圈与绝缘间加大磨损	转子端部弹性固定技术			很少
			定子线圈端部弹性固定技术			很少
	系统设计及辅机配置	设备转动备用	机组带 FCB 功能技术			1500
			机组辅机配置优化技术			400
		自动控制技术	机组自启停控制技术			200
宽负荷高效（基准指标：30% 负荷能耗增加不超过 20%，先进指标：30% 负荷能耗增加不超过 15%）	锅炉	排烟损失 q_2	无	无		
		固体未完全燃烧损失 q_4	宽负荷高效燃烧技术			500
			降低锅炉设计工况点技术			无
		主汽温度达不到设计值	宽负荷保过热汽温关键技术			无
			受热面安全监测和调控技术			500
		再热温度达不到设计值	宽负荷保再热汽温关键技术			500
			采用强化再热器传热，增加过量空气系数，烟气再循环调温技术			无
			匹配低负荷再热器汽温的新型锅炉设计技术			无
	汽轮机	低负荷通流效率下降	基于多级小焓降叶片的宽负荷高效通流设计技术			无

续表

指标体系	分工	制约因素及制约机理		关键技术		投资成本估算（万元）（以 2×100 万 kW 机组为例）
		制约因素	针对基准指标	针对先进指标		
宽负荷高效（基准指标：30%负荷能耗增加不超过20%，先进指标：30%负荷能耗增加不超过15%）	汽轮机	低负荷通流效率下降	高效进排汽结构气动优化设计技术			无
			双冷源双背压低真空供热技术			无
			适应宽负荷高效运行的汽轮机关键设计技术			无
		系统效率降低	系统优化技术			无
				宽负荷智能提效技术		200
	发电机	关键参数与新型电力系统匹配性	发电机适应新型电力系统设计技术			根据具体参数变化确定
		定转子支撑部件温度变化剧烈，定转子部件热涨变化不均	优化结构与材料，满足基准指标要求			无
		发电机最佳运行效率与宽负荷运行要求的匹配性	优化发电机参数设计，满足基准指标要求			无
			辅助系统优化设计技术			无
	系统设计及辅机配置	低负荷下小机汽源节流运行的损失	带发电机的汽动给水泵组技术			3000
		给水温度偏低	0 号高加技术			1500
		低负荷厂用电率高	磨煤机调速技术			250
			优化风机配置技术			无

　　需要说明的是，要实现煤电灵活高效转型并不是要应用所有的技术解决方案，不同的机组可能采取部分技术组合即可达到煤电机组灵活高效转型升级要求。因此，灵活高效转型升级对机组制造成本的影

响需要根据实际情况具体分析。经与三大主机厂以及华东电力设计院等单位初步研讨，认为灵活高效煤电机组相较于常规煤电机组，单位投资预计增长约 100 元 /kW，即 1 台 100 万机组投资预计增加约 1 亿元。灵活高效煤电因为频繁参与调峰和快速变负荷，对机组安全和寿命会产生一定影响，需要加强日常维护，维护成本预计增加 0.01 元 /kWh。

5 总结与展望

我国煤电工业经历了数十年的快速发展，其时代使命和发展主题也不断与时俱进。长期以来，煤电作为我国的主体电源和主力电源，最初追求规模发展，通过装机总量的快速增长，致力于满足不断增加的电力供应需求；进而追求能效提升，致力于长期保持甚至不断压低电力成本；再进而追求控污减排，致力于大幅改善煤炭利用带来的环境污染问题并带动其他行业清洁化发展。时至今日，中国煤电产业已建成全世界最大的清洁高效煤电供应体系，在装机总量、单机容量、蒸汽参数、能效水平、超低排放、技术路线丰富度等方面均走到了世界前列，煤电发展成就为国家数十年以来的经济社会发展提供了足量、可靠、低廉的动力保障。

"十四五"以来，煤电发展的国内环境发生了巨大变化。国家确定了能源电力转型发展的战略，新型电力系统构建加速推进，风电、光伏等可再生能源电源品种迎来了飞跃式发展，我国电源装机总量快速增长，煤电装机占比则持续走低。截至 2023 年底，我国煤电装机容量 11.65 亿千瓦，装机占比首次下降到 40% 以下（39.9%）。电源装机结构变化也给电力系统的运行带来了前所未有的巨大挑战，新能源并网的消纳需求以及新能源出力的随机波动性造成了电力系统调节需求的显著增加，煤电等可调节电源要实时弥合新能源出力与用户侧负荷之间的不匹配。**可以预见，随着新能源装机总量和占比的不断提升以及煤电装机占比的不断下降，煤电各类涉网性能要求将愈发严苛，煤电将越来越突出地追求灵活高效。**更加稳定可靠的顶峰能力、更高的变负荷速率、更宽负荷率范围的一次调频能力乃至便捷可靠的启停调峰能力等，都将是煤电强化性能的重点目标，也将是煤电项目全面获取运行收益的重要保障。

"十四五"以来，煤电发展的国际环境也发生了巨大变化。全球气候变化问题凝聚了越来越广泛的共识，并形成更加明确的量化发展目标。我国宣布了"双碳"目标，部分发达国家进一步明确或提前了退煤时间。随着国内碳市场的运行，以及国际涉碳贸易机制的不断完善，**预计我国煤电碳排放约束也将越来越紧，煤电将面临规模化清洁低碳的攻坚需求**。考虑新建机组有望运行或延寿运行至 2060 年碳中和目标时间节点，超前研判降碳条件和技术路径对很多机组是非常必要的。

综上，**我国煤电发展已进入新的历史时期，发展主题要突出聚焦清洁低碳转型和灵活高效升级**。

煤电转型升级无法一蹴而就，既面临技术和经济性障碍，也受市场运行机制和相关资源条件制约，需要政府主管部门的顶层设计、全局规划和路径安排，聚合产学研用全链条的力量，以安全为底线，积极、稳妥、有序推进。

（一）煤电清洁低碳转型

煤电清洁低碳转型的关键在于经济成本和资源条件情况。在合理的激励政策和成本疏导机制下，煤电机组可因地制宜地开展降碳方案研究，并适时实施。

1. 技术路线选择。目前，煤电大规模降碳技术路线主要包括 CCUS 和掺烧生物质、绿氨/绿氢等。CCUS 技术成熟但能耗和成本仍然较高，关键在于降低碳捕集能耗、探索 CO_2 利用和封存有效途径，驱油封存是目前 CO_2 利用与封存最成熟、最具经济性的方式，预计我国每年驱油封存 CO_2 潜力可达到 5000 万吨到 1 亿吨；深部咸水层封存是潜力最大的封存方式，研究认为封存总量可达万亿吨以上，可作为兜底固碳途径。掺烧生物质技术成熟，受生物质资源规模、收集、区位和时间匹配等制约较大，在生物质资源富集地区可作为煤电降碳的重要补充。煤电掺氨已初步开展工程验证，实现了 25%~35% 掺烧比例，技术上日趋成熟；随着绿氨成本大幅下降，掺烧绿氨有望成为煤电降碳途径之一；煤电掺氢技术可行性、安全性等已开展较为深入的研究工作，研究认为无重大制约因素，掺氢电 – 电效率较掺氨可提高 1/3 以上，通过工程示范验证推动技术发展成熟，也可作为煤电降碳有效手段。结合煤电机组具体条件，也可研究富余新能源电力转化为热能后进入煤电机组等其他降碳技术的技术经济可行性。

2. 经济性测算。本报告测算了 CCUS、掺烧生物质、掺烧绿氨等技术路线减碳 5%~50% 的度电补贴。总体上看，煤电机组采用 CCUS、掺烧生物质技术达到燃机碳排放强度后（煤电降碳约 50%），总的电价成本仍不高于气电，捕集的 CO_2 用于驱油封存并取得合理的井口碳价收益时甚至有望取得市场化收益。掺烧绿氨成本与绿电成本密切相关，目前大幅高于其他技术路线，也显著高于气电水平；考虑我国绿电规模快速增长、绿电成本较快下降，以及绿电制氨技术发展、规模化带来成本下降，掺烧绿氨成本有望进一步下降。

（二）煤电灵活高效升级

相比于其他电源形式，煤电工艺流程长、高温高压部件多、系统运行复杂，因此，灵活性偏差基本上是煤电固有属性。推动煤电灵活高效升级，首先需要突破各方面制约因素的障碍，进而在技术可行、运行安全的前提下推动成本下降、经济性提升。随着新型电力系统建设加快推进，煤电灵活高效升级的需求较为迫切。

1. **技术路线选择**。灵活高效煤电主要面临深度调峰、快速变负荷、启停调峰和宽负荷高效等 4 方面技术难题，本报告分别梳理了与之相关的关键制约因素。针对各项关键制约因素，相应提出了对应的技术提升路径，每种技术路径可采用不同的技术解决方案。要实现煤电灵活高效升级并不是要叠加应用上述全部技术解决方案，而是要结合各机组自身的条件和具体性能目标，不同的机组可能采取部分技术组合即可达到煤电灵活高效升级的要求。

2. **经济性测算**。灵活高效煤电对机组制造和运行成本的影响需要根据实际情况具体分析。初步研判，灵活高效煤电机组相较于常规煤电机组的单位投资预计增加约 100 元 /kW，相当于 1 台 100 万机组投资增加约 1 亿元。灵活高效煤电因为频繁参与调峰和快速变负荷，对机组安全和寿命会产生一定影响，需要加强日常检修维护，检修维护成本可暂按 0.01 元 /kWh 考虑。

（三）煤电转型升级展望

煤电转型升级的外部需求已日渐凸显，行业共识正逐渐凝聚，技术研发和产业行动需加快推进。随着新能源发电在电源结构中的比重不断提升，我国煤电清洁低碳转型的压力必然越来越大，灵活高效升级的需求也将越来越高，转型升级在较长时期内都将是煤电最重要的发展主题。转型升级后的煤电将在新型电力系统构建过程中发挥越来越重要的作用，对电力系统安全可靠运行的支撑价值也将通过市场和价格体系得到全面认可。

推动煤电转型升级，需要整合优势力量，开展煤电转型升级关键核心技术集中攻关。发挥新型举国体制优势，统筹高校、发电企业、设计单位、装备制造企业、行业机构等各方面资源，整合优势力量集中开展协同攻关，重点突破煤电安全、低碳、灵活等方面的技术瓶颈，推动煤电转型升级技术成果转化。

推动煤电转型升级，需要通过示范应用，加快煤电转型升级关键技术突破。 依托工程示范应用，在考虑机组安全运行和经济可行的基本前提下，系统性、针对性地开展煤电转型升级关键技术攻关，通过工程化验证不断完善煤电转型升级的系统解决方案。

推动煤电转型升级，需要尊重区域需求差异，分地区确定转型升级的重点方向。 在新能源发电渗透率高、用电负荷波动大、调节性电源资源紧缺的地区优先推动灵活高效煤电建设，在东部、北部、西北部以及西部油田周边优先推动煤电清洁低碳化转型。

推动煤电转型升级，需要统筹考虑技术发展水平和企业经营实际，分阶段设定转型升级技术指标。 新建机组的指标要求可考虑我国装备制造、设计建造、调试运行体系的现状先进能力。现役机组开展转型升级改造时，除了结合机组既有条件设定合理技术指标目标外，还要保证煤电机组改造能够满足电力、热力系统运行需要，并避免改造过早导致的企业资金过早占用、改造效益延迟显现、改造投资无法回收等问题。

推动煤电转型升级，需要因地制宜科学施策，分机组采用定制化方案。 不同类型、不同容量、不同参数的煤电机组在灵活性、降碳等方面存在固有差异，更新改造潜力也各不相同，应坚持先易后难、先常规后特殊，"一厂一策"、"一机一策"地有序推动煤电转型升级建设改造工作。

附录 1　国际煤电
清洁低碳转型概况

1.1 二氧化碳捕集、利用与封存（CCUS）

当前常用的二氧化碳捕集技术主要分为三类：燃烧前捕集技术、燃烧后捕集技术与富氧燃烧技术。其中，燃烧后碳捕集技术无论从规模或是从发展潜力考虑，都是业内重点关注的热点。在燃煤电厂进行燃烧后捕集 CO_2 的项目主要集中在美国、加拿大和中国等国家。

1.1.1 产业政策

（1）美国

在推动碳捕集、利用与封存（CCUS）技术的发展方面，美国的核心政策举措聚焦于《国内税收法》下的 45Q 税收抵免机制。此机制最初源自 2008 年《能源改进与扩展法案》，该法案为 CO_2 驱油及地质封存项目设定了每吨 10 美元至 20 美元的税收抵免，但鉴于当时的封存成本远高于此补贴标准，该政策对封存项目的激励效果有限。转折点出现在 2018 年，随着《两党预算法》的通过，地质封存与驱油项目的税收抵免额度分别提升至 50 美元 / 吨与 35 美元 / 吨，此举显著增强了地质封存项目的经济可行性。2022 年 8 月颁布的《通胀消减法案》对 45Q 条款进行了重大更新，不仅将纯地质封存及驱油封存的抵免额度分别上调至 85 美元 / 吨与 60 美元 / 吨，而且针对直接空气捕集（DAC）后进行的地质封存与驱油封存，分别提供最高可达 180 美元 / 吨与 130 美元 / 吨的抵免，同时将发电和工业设施的最低碳捕集量要求降低至 18750 吨 / 年与 12500 吨 / 年。这些调整大幅降低了 CCUS 项目的经济门槛，激发了更多企业投身碳捕集与封存领域的积极性。

除税收优惠政策外，美国还通过立法途径为 CCUS 技术的研发与示范提供了资金支持。《美国能源法案 2020》授权超过 60 亿美元用于 CCUS 技术的研发及工程示范项目。进入 2023 年，美国能源部更是宣布了一项 17 亿美元的投资计划，旨在支持六个 CCUS 项目的示范运行，进一步加速该技术的商业化进程。

（2）加拿大

近年来，加拿大联邦与各地方政府在推动碳捕集、利用与封存（CCUS）技术发展的过程中，采取了包括基金资助、直接政府拨款以及税费减免在内的多元化支持策略。尤为值得关注的是，2022 年加拿大政府新发布了《清洁燃料法规》与《联邦预算》，这两项政策对 CCUS 领域的激励作用尤为显著。附表 1.1-1 详细列举了相关的主要激励措施。

附表 1.1-1　加拿大 CCUS 激励措施

发布时间	发布单位	文件名称	支持额度	内容
2020 年	联邦政府	《健康的环境和健康的经济》	—	制定全面 CCUS 战略
2020 年	Alberta 政府	《技术创新和减排计划》	8000 万加元	8000 万加元支持工业能效和 CCUS；950 万加元用于监管设施改造
2022 年	联邦政府	《清洁燃料法规》	—	通过 CCUS 降低碳强度的化石燃料认定为清洁燃料
2022 年	联邦政府	《联邦预算》	26 亿加元	DAC 项目可申请 60% 税收抵免；为碳捕集项目提供 50% 税收抵扣（不含驱油项目）

（3）欧洲

在促进碳捕集、利用与封存（CCUS）技术的研发与商业化应用方面，欧盟及其成员国采取了一系列有力措施。其中，"欧洲创新基金"扮演了关键角色，为 CCUS 技术的研发与创新提供了重要资金支持。同时，"欧洲能源复兴计划"与"地平线欧洲计划"等重量级项目，也聚焦于支持 CCUS 示范项目的建设与推广。此外，英国、挪威等国家根据自身国情，制定了针对性的扶持政策，进一步推动了 CCUS 在本国的发展。附表 1.1-2 详细梳理了近年来这些国家和地区的主要激励措施。

附表 1.1-2　欧盟及主要国家 CCUS 激励措施

发布时间	发布单位	文件名称	支持额度	内容
2009 年	欧盟委员会	欧洲能源复兴计划	10 亿欧元	资助欧洲首批 6 个全流程 CCS 项目
2020 年	英国政府	《The Ten Point Plan for a Green Industial Revolution》	10 亿英镑	创建 4 个 CCUS 集群
2021 年	挪威政府	（2021—2030）气候行动指南	—	力推 CCS 商业化
2022 年	欧盟委员会	欧洲创新基金	18 亿欧元	支持氢能等关键组件制造、可再生能源、CCS 等（部分资金支持 CCUS 项目）
2022 年	欧盟委员会	地平线欧洲计划	58 亿欧元	支持促进气候变化科学项目，包括 CCS

（4）日本

日本着重在国内发展碳循环技术。2014 年推出的《战略能源计划》提出要在 2020 年左右实现 CCUS 技术的实际应用，并尽早建设含 CCUS 的设施，以支持 CCUS 的商业化应用。2019 年，日本发布了《碳循环利用技术路线图》，设定了碳循环利用技术的发展路径，2021 年对该路线图进行了修订以促进其进一步发展。2020 年发布的《革新环境创新战略》和《实现 2050 碳中和的绿色增长战略》均提出要大力发展 CCUS 和碳循环利用技术，以积极抢占碳循环利用技术创新高地。

1.1.2　典型案例

（1）美国怀俄明州佩特拉诺瓦（Petra Nova）项目

佩特拉诺瓦（Petra Nova）CCUS 项目位于美国怀俄明州，由

NRG 能源公司主导实施，旨在通过改造 WA Parish 燃煤电厂（距 West Ranch 油田约 100 公里）的 8 号机组，构建一项大规模的碳捕集与封存（CCS）设施，从而为 West Ranch 油田提供增强型石油开采（EOR）所需的 CO_2 资源。具体而言，该项目从 8 号机组中分离出约 37% 的烟气，年捕获 CO_2 量高达 160 万吨，并通过专门铺设的管道网络，将 CO_2 输送至目标油田。除碳捕集装置的建设外，该项目还配套增设了一台 78MW 的天然气发电机组，作为碳捕集系统的电力与蒸汽供应源。此外，还修建了一条长达 130 公里、直径为 12 英寸的专用 CO_2 输送管道，以确保捕集到的 CO_2 能够高效、安全地运抵油田。该项目自 2014 年 9 月起正式启动建设，经过两年的精心筹备与施工，于 2016 年 12 月正式投入商业运营德州大学奥斯汀分校，还针对此项目发起了一项 CO_2 监测计划，旨在全面监测并评估油田中封存 CO_2 的完整性及潜在泄漏情况，从而为项目的长期稳定运行提供科学依据。

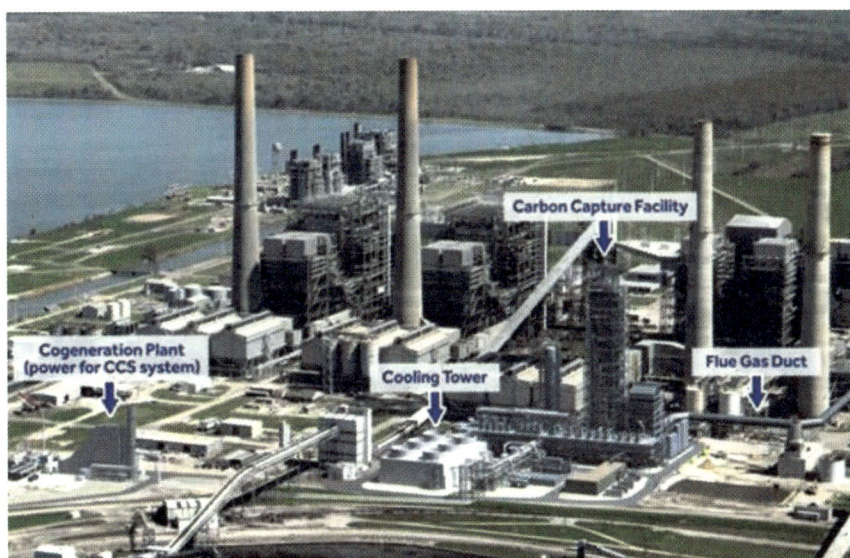

附图 1.1-1　佩特拉诺瓦（Petra Nova）CCUS 项目

（图片来源：https://www.eia.gov/todayinenergy/detail.php?id=33552）

Petra Nova 项目总投资约 10 亿美元，获得了美国政府的近 1.9 亿美元资助，并获得了日本政府提供的 2.5 亿美元贷款。该项目曾受疫情和油价影响而停运，但已于 2023 年 9 月重新启动。

（2）加拿大边界大坝（Boundary Dam）电厂

2014 年 10 月 2 日，全球首个规模达到百万吨级 / 年的燃煤电厂 CO_2 捕获项目于加拿大边界大坝（Boundary Dam）电厂正式启动运行。该项目隶属于萨斯克彻温电力集团（SaskPower）旗下的碳捕集与封存（CCS）产业公司，其核心在于对现役煤炭发电厂的 3 号机组实施创新性改造。改造升级后的 3 号燃煤发电机组，不仅维持了高效的电力生产，其发电容量达到 139MW，更实现了每年约 100 万吨 CO_2 的高效捕获，捕集效率高达 90%。此项目所捕获的 CO_2 资源得到了有效利用，其中绝大部分被提供给 Cenovus 能源石油公司，并被输送至 Weyburn 油田，作为增强型石油开采（EOR）技术中的关键驱动力，助力油田生产。其他 CO_2 则被注入至咸水层中，这也是 Aquistore 项目的重要组成部分，旨在通过实践探索并验证地下封存 CO_2 技术的可行性与长期安全性。

附图 1.1-2　边界大坝（Boundary Dam）电厂实景图

（图片来源：https://regina.ctvnews.ca/carbon-capture-and-storage-works-despite-critics-saskpower-1.2231432）

1.1.3　技术路线

碳捕集作为 CCUS 技术的关键过程，可分为燃烧后捕集、燃烧前捕集和富氧燃烧三大技术路线。其中燃烧后 CO_2 捕集技术可用于绝大部分燃煤电站，主要包括化学吸收法、物理吸附法、膜分离以及低温分馏等技术。

当前应用较多的燃烧后 CO_2 捕集技术是化学溶剂吸收法，该方法具有较高的捕集效率和选择性，但是再生能耗和捕集成本较高。化学溶剂吸收法的原理是利用酸性气体与碱性液体之间的反应，常用的吸收剂是胺类吸收剂（如一乙醇胺 MEA）。原烟气在预处理后进入 CO_2 吸收塔，在温度 40℃~60℃环境下，CO_2 被吸收。然后净烟气进入水洗容器平衡系统中的水分，除去烟气中的吸收剂液滴和蒸汽，随后离开吸收塔。吸收了 CO_2 的吸收剂被抽到再生塔的顶端，在比大气压略高的压力和温度 100℃~140℃的环境下进行再生。水蒸汽经过凝结器冷凝后返回再生塔，而 CO_2 排出再生塔。再生后的吸收剂被抽回吸收塔。

其他 CO_2 捕集技术中吸附法和膜分离法处于千吨级试验阶段，尚未实现工业应用。国外煤粉富氧燃烧 CO_2 捕集技术已基本完成 $30MW_{th}$~$40MW_{th}$ 级中试试验，奠定了商业规模示范电站的技术基础。循环流化床富氧燃烧技术处于中试研究阶段，西班牙建有 $30MW_{th}$ 循环流化床富氧燃烧中试装置。

1.2　掺烧绿氨

国际上已有中、日、韩三国明确提出发展煤电掺氨燃烧发电，日、韩两国将氢 / 氨发电定位为未来的重要电力来源，已经提出了煤电掺氨的规模化推广目标。技术方面，中国、日本在工程验证上已取得突破，具备一定的技术推广能力。

1.2.1 产业政策

（1）日本

日本作为最早在燃煤电厂探索掺氨燃烧技术的国家，曾于 2021 年制定了"2021—2050 日本氨燃料路线图"，提出 2023 年开始进行掺氨 20% 实验，2030 年实现掺氨 50% 实验，2040 年开展纯氨发电，如附图 1.2-1 所示。在氨的来源上，日本已与澳大利亚签订绿氨长期供应合同，通过海运将液氨运送至日本，合同中明确要求所有的氨必须是采用可再生能源生产的绿氨。

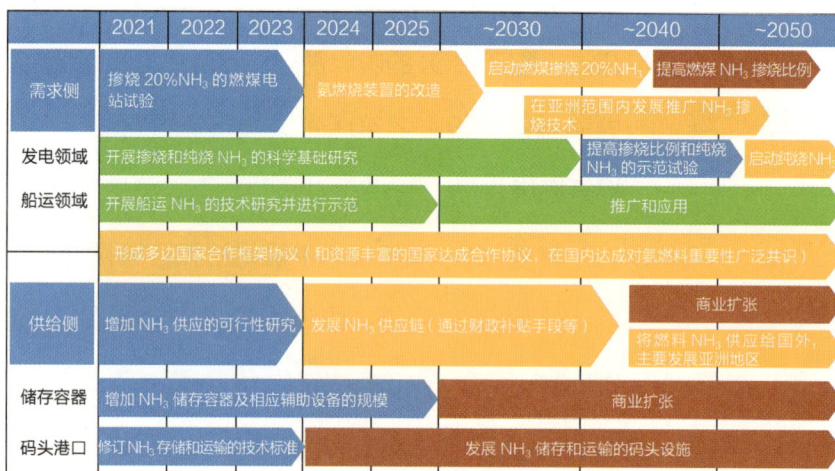

附图 1.2-1　日本氨燃料发展路线图

（图片来源：https://zhuanlan.zhihu.com/p/523169349?utm_id=0）

（2）韩国

2021 年 11 月，韩国能源部公布氨能和氢能的高温燃烧计划，目标是推动氢、氨与天然气、煤混合燃烧发电，计划 2030 年氨能发电要占全国发电量 3.6%，2050 年要实现完全零碳氨燃料发电达到 21.5%，氢能发电 13.8%，以减少其在电力生产中对煤炭和液化天然气的依赖。2023 年，韩国在《第十一次电力供需基本计划》提出，到 2038 年氢 / 氨发电将占其总发电量的 5.5%。

1.2.2　典型案例

日本最早在燃煤电厂探索掺氨燃烧，早在 2017 年就在日本 IHI 公司 10MW 中试平台上开展了掺氨 20% 的燃烧试验。同年，中国电力株式会社在 Chugoku 电力水岛发电厂 156MW 的燃煤发电机组上成功进行了掺烧 0.6%~0.8% 的氨 - 煤混燃试验。2021 年 10 月，日本 JERA 公司股份有限公司（JEAR）和 IHI 在碧南电厂 5 号机组（1000MW）联合启动了一系列小体积氨掺烧试验。2024 年 3 月，碧南电厂 4 号机组（1000MW）开展了掺烧比例达 20% 的掺氨燃烧试验。JERA 计划在 2029 年之前将碧南电厂 4 号或 5 号机组的氨掺烧比例提高至 50%，计划到 2050 年实现煤电机组 100% 掺氨燃烧。

此外，2022 年，印度阿达尼电力有限公司、日本 IHI 和兴和株式会社在印度古吉拉特邦的蒙德拉发电厂 330MW 机组开展了 20% 氨 / 煤共烧可行性试验。2023 年底，印尼 Pt Indo Raya Tenaga 公司与印尼国家电力工程公司针对爪哇电厂 9 号、10 号煤电机组联合开展了一项掺氨燃烧研究，发现掺烧 60% 氨理论上是可行的。

韩国从 2022 年开始关注氨煤共烧，2023 年开始推动在燃煤电厂实行氨煤共烧，计划掺烧比例为 20%。

附表 1.2-1　国际燃煤电厂掺氨发电项目列表

国家	年份	电厂名称	装机规模（MW）	公司	掺烧比例（%）
日本	2017	示范装置	10	株式会社 IHI	20
	2017	水岛发电厂 2 号机组	156	中国电力株式会社	0.6-0.8

续表

国家	年份	电厂名称	装机规模（MW）	公司	掺烧比例（%）
日本	2021	碧南电厂 5 号机组	1000	株式会社 JERA 株式会社 IHI	少量
	2024	碧南电厂 4 号机组	1000	株式会社 JERA 株式会社 IHI	20
印度	2022	蒙德拉燃煤发电厂	330	株式会社 IHI 株式会社兴和 阿达尼集团	20
	2023	爪哇燃煤电厂的 9 号和 10 号机组	2×1000	PT Indo Raya Tenaga	60
韩国	2023	新保宁电厂	1000	韩国贸易、工业和能源部	20
中国	2022	皖能铜陵电厂	300	皖能集团	10~35
	2023	神华台山电厂	600	国家能源集团	10

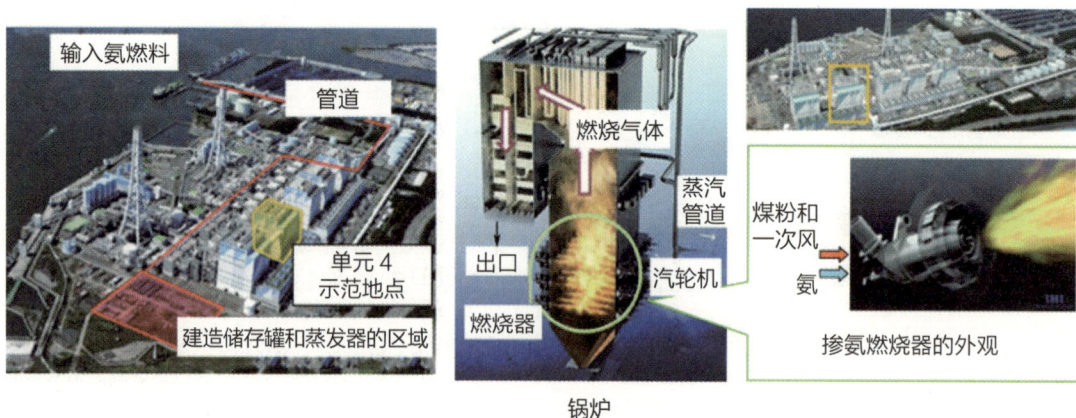

附图 1.2-2　日本碧南电厂掺氨改造示意图

（图片来源：赖诗妮等，含碳掺氨燃料的研究进展）

1.2.3　技术路线

在大气污染物排放方面，国内及日本科研机构的已有试验结果表明，燃煤锅炉混氨燃烧可使得煤粉和氨气良好燃尽，燃烧后氮氧化物排放不随混氨比例增加而等比例升高，且可通过分级燃烧等方式显著降低氮氧化物排放。

在锅炉系统方面，燃煤电厂的煤粉锅炉换热均根据煤粉燃烧的特性而设计，并未针对氨煤混烧进行定制化设计，导致掺氨燃烧的锅炉效率可能会低于纯煤工况。同时，新型的氨－煤混烧锅炉系统开发中还须关注氨的腐蚀性等问题，需进行针对性设计。另外，氨气相对其他气体燃料着火温度高、着火延迟时间长、火焰传播速度低。在氨－煤混燃时两种燃料之间的相互作用，会导致燃烧速度和火焰传播行为的不同，需对锅炉水动力和受热面情况进行重新评估，防止局部超温或高温腐蚀情况的发生。

1.3　掺烧生物质

为应对碳排放，欧洲的燃煤电厂开展了各种方式的 CO_2 深度减排工作。从 20 世纪 90 年代起，欧洲开始开展生物质掺烧技术的研究与应用。统计数据显示，全球近三分之二的掺烧生物质电厂位于欧洲。目前，大型燃煤锅炉耦合生物质技术在英国、荷兰、芬兰、丹麦、德国等许多国家得到应用。大型燃煤锅炉耦合生物质发电技术在欧洲得以推动和发展得益于该技术减少燃煤电厂的 CO_2 排放量，且得到政府补贴。

1.3.1　产业政策

（1）波兰

波兰政府于 2001 年 8 月实行《可再生能源发展战略》，承诺促进可再生能源技术的发展。该战略制定了到 2010 年和 2020 年可再生能源分额分别增加到 7% 和 14% 的目标。

波兰于 2000 年 11 月引入了配额机制，规定了能源利用部门增加可再生能源电量份额的任务。

生物质耦合可进入欧盟排放贸易体系或注册为联合履约机制的活动，两类机制的优缺点如下：

- 欧盟排放机制补贴的总量取决于各成员国的国内分配计划。
- 欧盟排放机制的补贴价格比联合履约的价格高。
- 欧盟排放机制的补贴波动性较大，而联合履约的价格比较稳定。耦合的额外收入可以通过波兰配额机制对绿色电力买卖获得。

（2）英国

英国的能源市场实行自由竞争，也就是说生物质耦合发电的市场竞争力最终取决于经济上的考虑。要促进生物质耦合或其他可再生能源发电的应用，政府必须采用一定的财政机制和手段才能达到预定的政策目标，耦合的发展受以下两个基本的财政政策支持：

可再生能源义务证书：电厂每输送 1MWh 合格的可再生能源电力就会获得一个可再生能源义务，并且可以将其出售。这一政策始于 2009 年，但到 2016 年耦合才符合这一政策的适用范围，且在耦合燃料中必须加入一定量的能源作物。

欧盟排放机制：英国是该机制的成员之一。目前，作为其的一员，耦合同样适用于该机制。可再生能源电力同样可以免征气候变化税。

（3）荷兰

荷兰的能源市场也极其自由化，这就使得生物质耦合发电也主要依靠经济调节。推动政府决策的原因包括：

温室气体减排：在第三次能源白皮书中，荷兰政府制定了到 2020 年达到可再生能源总量增长 10% 的预期目标。

荷兰政府采取了"过渡管理"的政策。生物质预计将占有关键地位，预计到 2040 年生物质将达到能源消费总量的 30%。

财政机制欧盟排放机制：荷兰也是该机制的成员之一。

MEP（电力部门环境质量机制）：一种特殊的固定电价体系，于 2003 年实施。对生物质发电实施两种水平的补贴（装机容量大于和小于 50MW），并承诺 10 年内不变。

1.3.2　典型案例

（1）英国

英国是目前世界上采取生物质掺烧技术最多的国家，目前英国全部 16 座大型火电厂均进行掺烧生物质发电，其中 13 座为容量超过 1000MW 的大型燃煤火电厂（均为煤粉炉、直燃耦合），总装机容量为 25366MW。

英国 Tilbury 电厂装机容量燃煤额定容量为 1062MW，2011 年 5 月开始改造为纯生物质发电厂，改造后生物质额定出力为 750MW，改造内容包括改造真空卸载机、磨煤机、皮带输送机、灰斗、燃烧器等。Tilbury 电厂所需燃料，60% 来自加拿大不列颠哥伦比亚虫蛀后的林木，10% 来自欧洲，30% 来自 RWE 所属佐治亚州工厂生产的木材颗粒。改造后运行如下。

附表 1.3-1　英国 Tilbury 电厂改造后指标

运行模式	煤	生物质
电厂额定输出	1062MW	750MW
平均效率	基准	降低 0%~2%
CO_2 排放	基准	降低 78%~87%
NO_x 排放	基准	降低 50%
SO_2 排放	基准	降低 75%
粉尘	基准	降低 90%

英国 Drax 电厂 6×660MW 机组自 2003 年开始 5% 生物质掺烧改造工程，2008 年完成 10%BMCR 生物质掺烧改造，2011 年完成了单台 660MW 机组 60%BMCR 的热输入改造。2020 年，Drax 电厂 4 台 660MW 机组成功改造为 100% 纯燃生物质锅炉，均采用单独生物质磨制和燃烧系统的异磨异燃烧器混燃锅炉，生物质原料为木质颗粒。2021 年，Drax 开始尝试以 35% 比例耦合农业废弃物以减轻燃料供应压力。

（a）电厂整体概况

（b）颗粒传输带　　　　　　（c）生物质颗粒燃料磨粉机

附图 1.3-1　英国 Drax 电厂整体概况

（图片来源：ANNA Simet. Drax discusses future plans during investor presen-tation.）

（2）荷兰

荷兰已经有超过 50 个生物质耦合发电项目，在荷兰的燃煤发电厂，耦合 10%（质量百分比）的生物质已经很普遍。2010 年以后逐渐提高耦合燃烧比例，实现 600MW 机组 10%~15%（质量百分比）的耦合燃烧，600MW 以下机组实现 15%~35%（质量百分比）

的耦合燃烧。荷兰掺烧机组的容量范围通常为 420MW~650MW，主要的掺烧生物质电厂如附表 1.3-2 所示。

附表 1.3-2　荷兰掺烧生物质电厂列表

序号	电厂名称	掺烧方式
1	Gelderland 13	直接掺烧，单独研磨，在煤粉生产线中喷入粉碎木材
2	Amer 8	直接掺烧，在专用生物质燃烧器中单独研磨
3	Amer 9	直接掺烧，在专用研磨机中单独研磨，并在单独的燃烧器中燃烧
4	Amer 9	间接掺烧，在常压循环床气化炉中进行气化并在燃煤锅炉中混合燃烧燃料气
5	Borssele 12	做法一：通过单独磨煤和燃烧进行直接掺烧 做法二：通过在磨煤前与原煤混合进行直接掺烧
6	Maasvlakte 3	直接掺烧，在单独的锤磨机中粉碎，注入煤粉生产线并同时燃烧
7	Willem Alexander	直接混合气化
8	Maasbracht	棕榈油在专用燃烧器中直接掺烧

荷兰的生物质能源仅约 30% 源自国内，其他大部分生物质来源于进口，主要使用木屑颗粒，同时使用包括废弃木材、造纸污泥、马来西亚棕榈仁壳、橄榄仁纸浆、可可仁、生物油、肉骨粉、碳氢化合物气体和城市垃圾在内的其他生物质资源。

荷兰 Amer Power 电厂目前有两台机组正在运行，分别是 Amer #8 与 Amer #9 机，两台机组均掺烧生物质燃料。其中 8 号机组掺烧木屑类生物质，9 号机组除了掺烧木屑类生物质外，还可对部分生物质进行气化后送入炉内燃烧，两台机目前掺烧比例约 35%~50%（质量比）。生物质燃料以颗粒状由海路运至电厂，通过气力卸料装置送至贮存罐中。

荷兰最新设计投运的鹿特丹 Maasvlakte 3 号电厂是目前欧洲最先进的节能和 CO_2 深度减排示范电厂。该电厂建设 1100MW 超超

临界机组，机组参数为 28.5MPa/600℃/620℃，机组发电效率高达
47%，生物质混烧比例为 30%，电厂生物质混烧改造已于 2019 年
投运。

（3）丹麦

丹麦 1999 年开始使用秸秆发电，经过 20 余年发展，目前生
物质燃料发电量已占总发电量的 25% 以上，预计到 2026 年，该
比例将提高至 57%。丹麦共有 5 座生物质掺烧电厂，如附表 1.3-3
所示。

附表 1.3-3　丹麦掺烧生物质电厂列表

序号	电厂名称	燃烧类型
1	Studstrup heat power plant	直接掺烧：在煤 / 秸秆组合燃烧器中分别进料和燃烧
2	Ensted heat power plant	间接掺烧：蒸汽侧耦合单独燃烧
3	Avedore heat power plant	在同一炉内直接掺烧
4	Grenaa CHP plant	流化床，混合燃料
5	Herning CHP plant	生物质炉排燃烧

秸秆、木屑和木屑颗粒是丹麦生物质掺烧的主要来源。其中，秸
秆资源主要来源于国内。大约三分之二的木屑由国内供应。然而，丹
麦木屑颗粒严重依赖国外市场，近 90% 的木屑颗粒由加拿大和东欧
国家供应，如波罗的海、俄罗斯、波兰和瑞典等。

Avedore 电厂利用 1 台 35MW 往复式水冷炉排炉燃烧秸秆，1
台 540MW 超临界煤粉炉以 70% 比例耦合木质颗粒燃料，2 台锅炉
产生相同超临界参数的蒸汽进行蒸气侧耦合，既充分利用丹麦丰富的
秸秆生物质燃料，又避免秸秆低灰熔融温度对煤粉炉的影响，同时充
分发挥高参数大机组的高效率优势，实现煤电低碳发展。

1.3.3　技术路线

欧洲大多数煤电机组采用切圆燃烧或前后墙对冲燃烧的煤粉锅炉，生物质主要采用直接掺烧方式。生物质可以单独或与煤一起磨碎，然后再将其送入锅炉。直接掺烧有三方面问题，一是产生灰沉积（例如结渣和结垢），二是掺烧范围有限，三是缺乏使用不同类型生物质的灵活性。

生物质的可磨性显著低于煤炭，荷兰煤电机组直燃耦合时普遍采用烘焙或 TOP 工艺（烘焙联合制粒）进行预处理，以增加能量密度和可磨性。TOP 工艺处理后的生物质颗粒堆积密度可达 $750kg/m^3$~ $850kg/m^3$，净热值达 19MJ/kg~22MJ/kg，可直接投入热电厂与煤混烧，TOP 工艺流程如附图 1.3-2 所示。

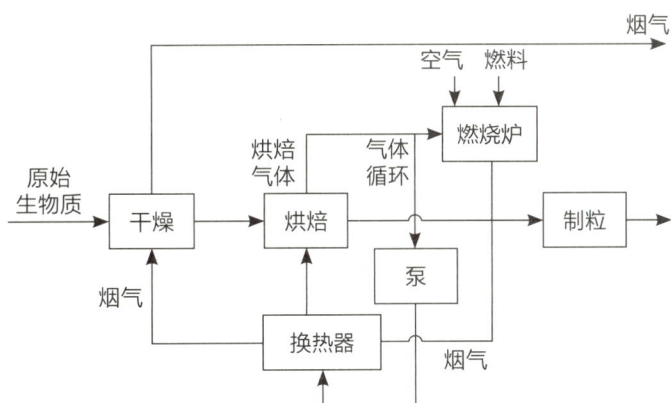

附图 1.3-2　荷兰 TOP 工艺流程

（图片来源：毛健雄等，中国煤电低碳转型之路———国外生物质发电政策 / 技术综述及启示）

燃煤机组掺烧生物质发电的另一种技术路线是生物质气化掺烧。芬兰 Lahti 电厂于 1998 年开始采用 CFB（Circulating Fluidized Bed）气化炉产生生物质煤气，然后将煤气送入煤粉炉中混烧。该电厂生物质通过气化掺烧，整个电厂 CO_2 减排 10%。CFB 气化炉的年运行小时数为 7000h。与直接掺烧相比，间接掺烧有三方面优势，一是生物质不直接进入锅炉，因此可以减少锅炉结渣，二是气化减少了气体停留时间，三是可以灵活地使用不同的化石燃料，如煤、石油和天然气。

此外，欧美国家正在探索生物质黑颗粒改烧技术。传统生物质固体燃料与煤炭物性差异大，燃煤发电机组掺烧或全烧生物质需要对锅炉及辅助系统进行较大改造，改造费用高。生物质黑颗粒燃料制备技术可脱除农业秸秆原料中的碱金属离子和氯离子，使生物质原料类煤化，从而减少生物质掺烧改造范围，降低改造成本，提高机组安全性。加拿大安大略州 Thunder bay（160MW）燃煤电厂改烧黑颗粒项目仅对制粉系统、送风系统进行简单改造就实现全烧生物质黑颗粒的升级改造，改造费用显著低于燃煤改烧生物质白颗粒项目。荷兰鹿特丹 ENGIE（800MW）燃煤电厂也开展了全烧黑颗粒试验和技术升级改造。

┃ 参考文献

[1] Roni M S, Chowdhury S, Mamun S, et al. Biomass co-firing technology with policies, challenges, and opportunities: A global review[J]. Renewable and Sustainable Energy Reviews, 2017, 78: 1089-1101.

[2] 郭慧娜，吴玉新，王学斌，等 . 燃煤机组耦合农林生物质发电技术现状及展望 [J]. Clean Coal Technology, 2022, 28(3).

[3] 毛健雄，郭慧娜，吴玉新 . 中国煤电低碳转型之路———国外生物质发电政策 / 技术综述及启示 [J]. Clean Coal Technology, 2022, 28(3).

[4] 刘家利，王志超，邓凤娇，等 . 大型煤粉电站锅炉直接掺烧生物质研究进展 [J]. Clean Coal Technology, 2019, 25(5).

[5] Xu Y, Yang K, Zhou J, et al. Coal-biomass co-firing power generation technology: Current status, challenges and policy implications[J]. Sustainability, 2020, 12(9): 3692.

[6] Variny M, Varga A, Rimár M, et al. Advances in biomass co-combustion with fossil fuels in the European context: A review[J]. Processes, 2021, 9(1): 100.

[7]　Wang G, Zhao J, Zhang H, et al. Ammonia Co-firing with Coal: A Review of the Status and Prospects[J]. Energy & Fuels, 2024, 38(17): 15861-15886.

[8]　王宁泽，李芳芹，潘卫国，等. 燃煤锅炉氨煤混燃技术的研究进展 [J]. 化工环保，2024, 44(03): 345-352.

[9]　朱京冀，徐义书，徐静颖，等. 掺烧氨燃料对煤挥发分火焰特性及颗粒物生成的影响 [J]. 发电技术，2022, 43(6): 908.

[10]　Wang Q, Hu Z, Shao W, et al. The present situation, challenges, and prospects of the application of ammonia–coal co-firing technology in power plant boilers[J]. Journal of the Energy Institute, 2024: 101531.

[11]　SI T, HUANG Q, YANG Y, et al. Advancements and future outlook in fundamental research and technological applications for ammonia co-firing with coal[J]. Journal of China Coal Society, 2024, 49(6): 2876-2886.

[12]　Lirong D O U, Longde S U N, Weifeng L Y U, et al. Trend of global carbon dioxide capture, utilization and storage industry and challenges and countermeasures in China[J]. Petroleum Exploration and Development, 2023, 50(5): 1246-1260.

[13]　Osman A I, Hefny M, Abdel Maksoud M I A, et al. Recent advances in carbon capture storage and utilisation technologies: a review[J]. Environmental Chemistry Letters, 2021, 19(2): 797-849.

[14]　袁士义，马德胜，李军诗，等. 二氧化碳捕集，驱油与埋存产业化进展及前景展望 [J]. 石油勘探与开发，2022, 49(4): 1-7.

[15]　刘克峰，刘陶然，蔡勇，等. 二氧化碳捕集技术研究和工程示范进展 [J]. 化工进展，2024, 43(6): 2901.

[16]　朱玲玲，朱伟，贾庆，等. 浅谈"双碳"背景下的二氧化碳捕集利用与封存 [J]. 中国水泥，2022, (06): 17-20.

附录 2 国际煤电
灵活高效升级概况

2.1 总体情况及典型案例

附表 2.1-1 为欧洲煤电机组灵活性关键技术指标总体情况。欧洲电厂煤质主要分为硬煤和褐煤（欧洲电厂定义的褐煤热值低于 4611kcal/kg）。总体看，欧洲硬煤机组的最小出力先进值可达到 25% 左右，爬坡速率先进值可达到 3% P_e/ 分钟 ~6% P_e/ 分钟，热态启动时间在 1.5 小时 ~2.5 小时，冷态启动时间在 3 小时 ~6 小时；褐煤机组的最小出力先进值可达到 35%~40% 左右，爬坡速率先进值可达到 2% P_e/ 分钟 ~4% P_e/ 分钟，热态启动时间在 2 小时 ~4 小时，冷态启动时间在 5 小时 ~8 小时。褐煤含水量高，需要在锅炉制粉系统中进行燃烧前干燥，导致了褐煤电厂启动时间较长，启动成本高，总体灵活性指标不落后于硬煤电厂。

附表 2.1-1　欧洲煤电机组灵活性关键技术指标总体情况

关键指标	硬煤机组			褐煤机组		
	常规值	先进值	潜力值	常规值	先进值	潜力值
最小出力（%）	40	25	15	50~60	35~40	20
爬坡速率（%P_e/ 分钟）	1.5~4	3~6	6	1~2	2~4	6
热态启动时间（h）	2.5~3	1.5~2.5	1	4~6	2~4	2
冷态启动时间（h）	5~10	3~6	2	8~10	5~8	3

2.1.1　丹麦

在过去 20 年里，丹麦可再生能源的发电量占比不断走高，由 2000 年的 12% 上升至 2023 年的 67%。2000 年到 2010 年间，丹麦的风力发电量占比由 10% 上升至 20%，随着风电市场份额的逐步扩大，丹麦电力市场开始出现了较长时期的低电价，这一方面使得煤电利用小时数下降，纯凝机组经济性显著下降，逐步被淘汰；另一方面也使得丹麦煤电机组主动提升机组灵活性，通过满足高价值辅助服务市场的需求，实现利润最大化。在该阶段，适当降低最小出力、提升爬坡速率，有限的投资成本就能带来较好的灵活性收益。2010 年后，随着可再生能源电量占比迅速走高，低电价周期出现时长增加、更频繁的特点，丹麦煤电机组的平均利用小时数进一步降低，这要求煤电业主采用更大的投资和硬件改造以提高煤电机组运行效率，降低维护成本。这时，由于丹麦电力市场的低电价周期日趋频繁，负电价时有发生，减少启动、停机时间以及相关成本变得越来越重要。

为了响应电力市场的变化，在过去 20 年里，丹麦持续推进煤电机组灵活化改造，部分现役燃煤机组已经延寿改造，并实现了生物质掺烧以降低碳排放。丹麦部分大型燃煤发电机组的主要参数如附表 2.1-2 所示。附表 2.1-3 中列出了丹麦电网运营商对煤电机组各个负荷范围的平均爬坡速率要求。根据丹麦电网运营商 Energinet 的需求，所有并网的大型煤电机组的爬坡速率需达到 4%P_e/ 分钟。

附表 2.1-2　丹麦大型煤电机组主要参数

电厂名称	图片	额定功率（MW）	蒸汽参数	燃料类型	最小出力（%P_e）	爬坡速率（P_e/min）
Nordjylland 发电厂 3 号机组		385	29MPa/582℃/580℃/580℃	硬煤	20	4%（50%~90% 负荷）
Amager 发电厂 3 号、4 号机组		150	18.5MPa/562℃/540℃	硬煤 / 木屑 / 秸秆	30	4%（50%~90% 负荷）

续表

电厂名称	图片	额定功率（MW）	蒸汽参数	燃料类型	最小出力（%Pₑ）	爬坡速率（Pₑ/min）
Avedore 发电厂 1 号机组		250	25MPa/545℃/545℃	硬煤	25	4.8%（50%~90% 负荷）
Fyns 发电厂 7 号机组		350	24MPa/540℃/540℃	硬煤	20	4.5%（50%~90% 负荷）

附表 2.1-3　丹麦输电运营商 Energinet 要求的各负荷范围爬坡速率

负荷范围（%）	爬坡速率（Pₑ/min）
35~50	2%
50~90	4%
90~100	2%

　　由附表 2.1-2 可见，经过改造的丹麦燃煤机组的最小出力通常在 20%~30%P_e 的范围内，且在 50%~90% 负荷区间的爬坡速率在 4%P_e/min 以上。为了提升煤电机组的灵活性，丹麦电厂采取了一系列措施，其中包括针对机组制粉系统、燃烧系统、控制系统等的优化升级，还包括对相关规范的调整。

　　制粉系统对于提升机组灵活性非常重要，由于丹麦没有煤矿，丹麦进口煤质一般采用挥发分含量大于 20% 且灰分低于 10%~15% 的煤以保证煤的着火速度。在磨煤机方面，许多电厂的磨煤机做了相应的灵活性改造，通过控制煤粉细度，保证低负荷下的火焰稳定性。

　　燃烧系统方面，为提高低负荷下煤电机组的稳定性，丹麦电厂依据燃烧器煤粉管道出口的一次风速、风煤比和煤粉管道中的一次风量对一次风机选型进行了优化；丹麦最新的燃烧器设计了带有固定叶片的轴向活动环，其可以通过旋转控制空气流量从而控制火焰旋流强度，应用该装置有利于维持低负荷下煤粉的点火稳定性。此外，丹麦还将新型低 NO_x 燃烧器用于燃煤电厂中，该燃烧器可减少约 50% 氮氧化物的生成，并为每个燃烧器配备了火焰监视器，用于监控火焰根部，确保炉内着火。

同时，值得注意的是，丹麦电厂大多为热电联产电厂，为了提高煤电机组灵活性，它们基本都采用了热电解耦的技术思路，通过储热水罐、电锅炉以及汽轮机旁路供热的方法来进一步提升机组的灵活性。例如：丹麦的 Fyns 电厂 7 号热电联产机组在 2002 年通过设置 73000m³ 的储热水罐来实现热电解耦，能在用热高峰期满足 6 小时～10 小时的热负荷。灵活性改造后的丹麦煤电机组一般具有在超负荷运行的能力，这使得电厂能够提供相对于其额定功率的额外 5%～10% 的电力输出。

经丹麦能源部计算，降低最小出力的改造相关成本约为 15000 欧元 / 兆瓦，超负荷运行能力改造的相关投资一般在 1000 欧元 / 兆瓦左右，一个 2 万立方～7 万立方的储热水罐一次性需花费五百万至一千万欧元。尽管投资规模不小，但丹麦的经验表明，煤电机组的灵活化改造带来的收益远远大于成本。

2.1.2　德国

煤电过去是德国的主体电源，在 2000 年时，其发电量占德国全年总发电量的 52%。自德国政府 2000 年颁布《可再生能源法》以来，德国可再生能源发电量占比不断攀升，从 2000 年的 5.5% 提升到 2018 年的 27%，再进一步提升到 2023 年的 44%。随着可再生能源的大规模并网，德国煤电机组的利用小时数降低，发电成本上升。同时，新能源的竞价使得煤电在市场中的竞争力下降，煤电收入受到影响。为了最大化收入，德国煤电企业也针对各自机组开展了一系列灵活化改造，降低最小出力，提升爬坡速率。

截至 2023 年底，德国煤电总装机约 4043 万千瓦，煤电发电量约占德国总发电量的 26%。这些电厂主要集中在德国西部，其中许多机组还承担当地工业、生活供热需求。根据 Agora Energiewende 和西门子公司的调研报告，德国部分典型先进煤电机组灵活性参数指标如附表 2.1-4 所示。

附表 2.1-4 德国大型煤电机组主要参数

电厂名称	图片	额定负荷（MW）	蒸汽参数	燃料类型	最小出力（%P_e）	爬坡速率（P_e/min）
Walsum 电厂 #10 机组		725	27.4MPa/600℃/620℃	硬煤	35	3.5%~6%
Boxberg 电厂 #R 机组		630	28.6MPa/600℃/610℃	褐煤	35	4.6%~6%

不同年代投产的德国煤电机组的灵活性参数如下表所示。

附表 2.1-5 不同年代投产的德国煤电机组灵活性参数

燃料类型	硬煤			褐煤		
投产时间	早于 1980	1980~2000	晚于 2000	早于 1980	1980~2000	晚于 2000
最短启动时间（h）	7	7	3	7	7	7
最短停机时间（h）	3	7	3	7	7	7
启动成本（欧元/MW）	32	48	35	58	58	58

续表

燃料类型	硬煤			褐煤		
最小出力（%Pe）	34	27	20	60	48	35
最大爬坡速率（%Pe/分钟）	0.8	1.5	4.5	1	1.5	4
最大降负荷速率（%Pe/分钟）	2	3	4.5	2	3	4

　　为了降低煤电机组最小出力，德国燃煤电厂一方面更新了控制系统，例如：Weisweiler 硬煤电厂通过控制系统升级，成功使得两台 600MW 发电机组最小负荷水平分别降低了 170MW（#G 机组）和 110MW（#H 机组），该改造措施同时也将爬坡速率提升了 10MW/分钟；另一方面，德国煤电机组试图采用将双磨煤机运行改为单磨煤机运行的方式降低最小出力，Bexbach 硬煤电厂（额定功率 721MW）就成功通过这一手段将最小出力从 170MW 降低至 90MW。

　　为了提升快速变负荷能力，德国先进煤电机组采用凝结水调节的方法。该方法通过汽轮机控制系统打开调节阀，减少冷凝水流量来为煤电机组提供了灵活性。西门子在德国 Altbach 420MW 煤电机组采用类似的解决方案，成功实现 30 秒内负荷变化 5%。同时德国 Voerde 和 Bexbach 燃煤电厂通过及时调整磨煤机出力，实现磨煤机煤粉供给量的短时变化，从而实现对发电负荷的快速响应，提升爬坡速率。

　　为了缩短煤电机组启动时间，德国 Weisweiler 电厂的机组 G、H 通过在 600MW 的水－蒸汽回路上加装 190MW 燃气轮机，利用燃气轮机启动快、爬坡速率高的特点迅速加热煤电机组给水，以辅助煤电机组快速启动。这种燃气－蒸汽联合循环的方法不仅提升发电厂总效率，还提升了启动和爬坡速率。此外诸如控制系统优化与汽轮机启动方式改造也是德国煤电机组缩短启动时间的有力方式。

2.2 灵活高效提升思路

本节拟从降低最小出力、提升爬坡速率、缩短启动时间三方面，介绍丹麦、德国等欧洲国家在提升煤电机组灵活性时的改造思路。

2.2.1 降低最小出力

德国 VGB 协会汇总了降低煤电机组最小出力主要考虑的改造思路，详见附表 2.2-1。

附表 2.2-1 降低煤电机组最小出力的改造思路

系统（具体）	改造重点	描述
一、燃烧系统		
贮煤场	监控系统	煤储存时间增长，规避煤自燃风险
燃料供给	煤质在线监测	保证火焰稳定，放热量稳定
燃料供给	暖风器	保正煤干燥程度（低负荷）
燃料供给 / 烟风系统	空气预热器	保证（低负荷）煤干燥，烟气温度，SO_3 露点
燃料供给	在线管理系统	基于煤质，实时调控燃烧器的风煤比
燃料供给	采用多个小容量磨煤机	直接降低最小出力
燃料供给	单磨煤机运行	直接降低最小出力
燃烧过程	火焰监测	为保持火焰稳定，传统火焰监测方法需调整
二、热力系统		
锅炉	摆动式燃烧器	通过调整火焰中心位置，提升（低负荷）蒸汽温度
锅炉	再循环泵	直流锅炉湿态运行经济性
省煤器	省煤器旁路	保证（低负荷）烟气温度
三、汽轮机		
低压缸	低压缸叶片更换	增加叶片在低负荷运行时对水滴的抗腐蚀性

系统（具体）	改造重点	描述
四、控制系统		
测量仪器	扩大测量范围	保证测量范围满足最小出力需求
控制回路	底层控制回路	优化回路，保证动态操作时的稳定性。例如：给水流量控制与空气流量控制等
机组控制	先进控制系统	采用前馈方式的部件控制系统，优化控制模块
五、辅机设备		
关键辅机更换	风机、阀门、泵	采用高效率范围广的变频风机以保证机组宽负荷运行
储热装置	储热水罐、电锅炉等	通过储热，降低最小出力

这些改造思路中，煤质在线监测系统与火焰监测系统值得强调，一方面稳定的煤质是保障煤电机组安全可靠运行的前提，有了稳定的煤质才能考虑采用其他进一步降低燃煤机组最小出力手段；另一方面，低负荷时燃烧稳定性尤为重要，为规避熄火风险，相关测量压力、温度、流量等机组数据的传感器需要足够灵敏且能够在机组最低负荷时稳定工作。而当无法保证充足高质的煤炭供应时，需要在线燃料管理系统合理控制机组运行过程中的风煤比。因此，燃料管理系统的优化在提升机组灵活性方面有很大的改进潜力。

值得指出的是，附表 2.2-1 中提到的底层控制回路优化和机组控制系统优化是不同层面的优化：由于过去煤电机组的控制调试一般是在几个特定负荷下的静态优化，而现在煤电机组则着重关注不同负荷下的动态行为，因此底层控制回路优化指的是对给水、送风控制等底层控制回路的改造升级；机组控制系统优化则着重强调机组整体的运行优化，在底层控制回路优化完成后，该项任务可以通过仿真的方式来调试，以获得最优机组控制模型。

2.2.2　提高爬坡速率

德国 VGB 协会汇总了提高煤电机组爬坡速率主要考虑的改造思路，详见附表 2.2-2。

附表 2.2-2　提高爬坡速率的改造思路

系统（具体）	改造重点	描述
一、燃烧系统		
燃料供给	煤质在线监测	保证火焰稳定，放热量稳定
燃料供给	磨煤机	调整磨煤机出力，合理利用磨煤机储煤能力
燃料供给	动态分离器	动态粗粉分离器，调整转速来利用磨煤机储煤能力
燃料供给	间接燃烧技术	通过安置煤粉仓，解耦磨煤机输出与瞬时燃烧率
二、热力系统		
锅炉	厚壁部件	针对厚壁部件的改薄设计或提升材料最大允许热应力
三、控制系统		
测量仪器	温度测量仪器	保证针对厚壁部件（内壁和中部）的快速准确的测温
热应力计算模型	回路控制	使用具有实时温度参数的模型快速计算厚壁部件热应力
控制回路	底层控制回路	优化回路，保证动态操作时的稳定性。例如：给水流量控制与空气流量控制等
机组控制	先进控制系统	采用前馈方式的部件控制系统，优化控制模块
频率控制	蒸汽节流	保证凝结水节流与高、低压抽汽节流的有效控制
四、辅机设备		
关键辅机更换	风机、阀门、泵等	实现高速控制
发电机冷却	发电机	减少发电机绕组热应力影响

这些改造思路中，锅炉厚壁部件的改造值得注意。壁厚直接影响机组允许的最大温度变化速率，当温度变化超过该值时，部件的使用寿命将会大大下降；而减小部件壁厚会增大允许的最大温度变化速率，使得机组能够达成更高的爬坡速率以及更短的启动时间。一般来说，可以通过升级材料或增加部件数量来达成减小部件壁厚的目的。Jeschke 等人的研究表明，采用镍基 617 合金来打造高压联箱，相比 P92 材料，可使得 50%~100% 负荷下允许的最大温度变化速率

值提升 60%。而针对辅机设备的优化也不容忽视，通过采用大容量的变频给水泵能一定程度上提升快速变负荷时的水动力稳定性，从而允许更快速的负荷变化。此外，合理利用磨煤机的储煤能力是提升煤电机组的爬坡速率较为节省投资的一种措施，特别是将该措施与在线燃料管理系统结合使用，还可以进一步提高机组爬坡速率。

2.2.3　缩短启动时间

德国 VGB 协会汇总了缩短煤电机组启动时间主要考虑的改造思路，详见附表 2.2-3。

附表 2.2-3　缩短启动时间的改造思路

系统（具体）	改造重点	描述
一、燃烧系统		
燃料供给	煤质在线监测	保证火焰稳定，放热量稳定
燃料供给	暖风器	启动时快速提供足温的一次风，提前启动磨煤机
燃料供给 / 烟风系统	空气预热器	能保证快速启动期间的一次风温，尤其是在有启动锅炉的条件下，能缩短启动时间
燃料供给	在线管理系统	基于煤质，实时调控燃烧器的风煤比
燃料供给	采用多个小容量磨煤机	小磨煤机对于整体系统负荷要求低
燃料供给	间接燃烧技术	通过安置煤粉仓，解耦磨煤机输出与瞬时燃烧率
燃烧过程	火焰监测	保证快速可靠启停的可重复性
燃烧过程	可靠点火技术	避免不必要的时间浪费
燃烧过程	等离子点火	减少启动 / 辅助燃料使用，降低成本
燃烧过程	电点火	减少启动 / 辅助燃料使用，降低成本
二、热力系统		
锅炉	可排水受热面	启动时，给水会富集在过热器不能排水的弯管下部，此时只能缓慢升高过热器温度以防管路温度骤变
锅炉	厚壁部件	针对厚壁部件的改薄设计或提升材料最大允许热应力
锅炉	针对厚壁部件的外部加热	外部加热厚壁部件（如启动容器、联箱）以减轻热应力，加快启动时间
锅炉	再循环泵	直流锅炉湿态运行经济性

续表

系统（具体）	改造重点	描述
锅炉	高压旁路	保证再热器的温度分布
三、汽轮机		
转子	优化转子材料与设计	改善汽轮机的动态性能，缩短启动时间
厚壁组件	替换厚壁组件	使用收缩环或周向壳体法兰将内高压壳体螺栓固定，以替代厚壁组件
机壳	加热衬套	保持汽轮机静止时的上下机壳温度分布，避免机壳弯曲
四、控制系统		
测量仪器	温度测量仪器	保证针对厚壁部件（内壁和中部）的快速准确的测温
燃料控制	启动燃料控制	精确控制启动煤粉的质量流量，允许快速安全启动的可重复性
控制回路	热应力计算模型	应力模型的裕量可以作为启动控制系统的反馈信号，保证启动安全稳定性
控制回路	底层控制回路	优化回路，保证动态操作时的稳定性。例如：给水流量控制与空气流量控制等
启动程序	自动启动程序研发及优化	精确控制启动燃料的质量流量以及所有相关风机与阀门
控制回路	有限元分析	通过分析判定最大温差，进一步加快启动过程
五、辅机设备		
关键辅机更换	风机、阀门、泵等	采用高效率范围广的变频风机以保证机组宽符合运行
烟风管道	烟风管道保温	减少停机后热损失，保持一、二次风道，烟气管道温度
发电机冷却	发电机	减少发电机绕组热应力影响

与降低最小出力的思路一致，实时的煤质监测、燃料管理系统与火焰监测系统是稳定燃烧的基础。在此之上，为了尽可能加快机组启动，灵活性改造需要尽可能降低磨煤机启动的负荷要求，提早启动磨煤机。此外，缩短启动时间需要对控制系统进行大幅优化，一方面要精确控制启动时煤粉流量，另一方面需要研发一套专门的自动化机组启动程序，用以启动时协调联控风机和阀门。

2.3 灵活高效提升技术

2.3.1　锅炉和燃烧制粉系统

改进燃烧和制粉系统是提高锅炉灵活性首选方法，具体方法包括：

1. 燃烧和制粉系统

（1）减少运行中的磨煤机数量

传统用于硬煤的燃烧系统在不增加备用燃烧器的情况下一般允许 40% 的最小出力，通过改进磨煤机和燃烧器的工作范围，双磨运行，可以将最小出力降到 25%。当锅炉为四角切圆燃烧方式时，可以通过单磨煤机的稳定运行，实现 20% 以下出力。德国 Heilbronn 7 号机组甚至实现了 12.5% 的最小出力。通过更先进的仪器设备和更复杂的控制措施，还可进一步降低机组最小出力。

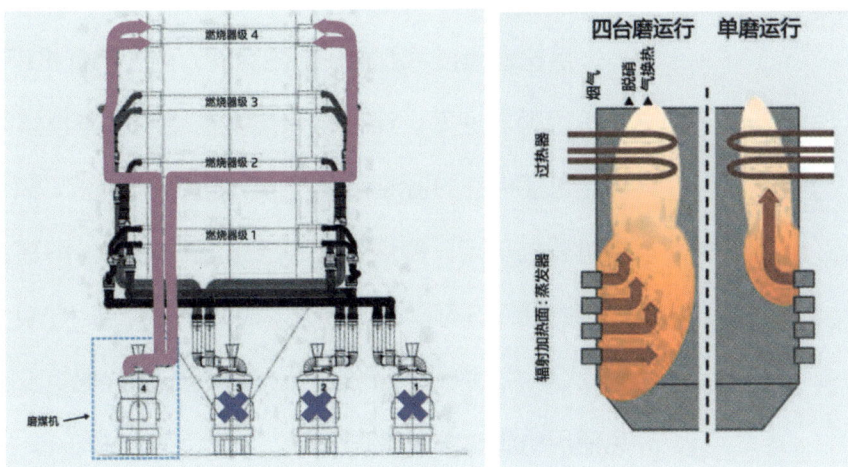

附图 2.3-1　单磨煤机运行示意图

（图片来源：Agora Energiewende. Flexibility in thermal power plants – With a focus on existing coal-fired power plants.）

褐煤机组通常配置 6 台 ~7 台磨煤机，通过改进磨煤机和燃烧系统，其最小出力一般为 40%，而部分老机组只能做到 50%。通过只运行 3 个磨煤机并对一次风和磨煤机施加合适的控制，可以进一步降低最小出力。部分超临界褐煤机组在试验中能达到 37% 最小出力。同时改进水循环系统可以将最小出力降低到 35%。使用褐煤新型燃烧器可进一步降低最小出力。

（2）点火系统改造

在低负荷运行时可以采用多种方式实现锅炉点火，以节省启动时所需的助燃燃料。电点火通过电能加热燃烧器喷嘴点燃煤粉，而等离子点火通过产生约 5000℃ 的高能量等离子体实现点火，二者结合能够最大限度的降低冷态启动和低负荷燃烧时所需的助燃燃料消耗。为燃烧含水量高的煤种和低热值煤，需要提高磨煤机的干燥及加热能力，具体方法可以考虑安装动态分离器、更高功率的一次风机以及一次风加热装置。

（3）煤粉仓储系统

煤粉仓储技术最早在德国实现，用于降低机组最小出力，同时提高机组爬坡速率。煤粉仓储技术在磨煤机与燃烧器之间加装一个煤斗（包括相应的管道和阀门），通过这一装置，瞬时燃烧率不再由磨煤机输出决定。磨煤机出料速度与燃烧给粉解耦，大大降低了燃烧系统的惯性，可以将燃烧速率改变率提高到 10%/ 分钟（传统燃烧系统为 2%/ 分钟 ~5%/ 分钟）。煤粉仓储技术还可以稳定燃烧过程，避免使用助燃油作为启动燃料，并在负荷需求降低时将多余功率送到磨煤机。与灵活燃烧器技术相结合，煤粉仓储技术可将最小出力降低到 10%。由于在低出力状态下磨煤机仍能工作在最优工况，机组的总体效率得到提升。

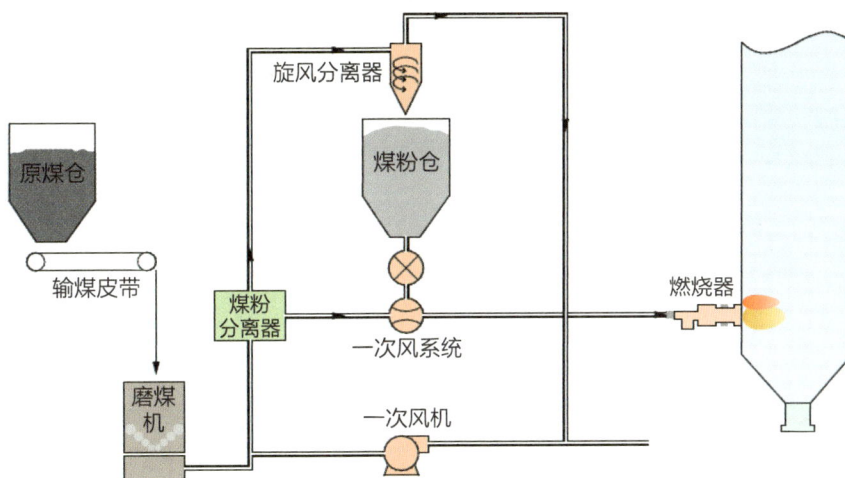

附图 2.3-2　煤粉仓储技术

（图片来源：Colin Henderson. Increasing the flexibility of coal-fired power plants.）

煤粉仓储技术的其他优势见附表 2.3-1。

附表 2.3-1　煤粉仓储技术的优势

项目	直接燃烧	间接燃烧
最小负荷	25%~30%	<10%
点火燃料需求量	100%	5%
过量空气系数	15%	<12%
磨煤机工作状况	部分负荷状态	最优工况

（4）燃烧器改造

煤电机组在低负荷工况运行时，主蒸汽温度和再热蒸汽的温度一般会大幅降低。使用摆动式燃烧器，火焰的中心位置可以将热量从辐射受热面转移到对流受热面，这有利于将温度保持在可接受的范围内。

2. 锅炉耐压部件

为提升煤电机组的快速变负荷能力、缩短启动时间，锅炉内部的耐压部件需要能更好承受机组灵活运行过程中快速和大幅度的温度变化。为降低机组运行时锅炉内厚壁耐压部件截面的温度梯度，可以采用换用更好材料以减小金属厚度，或采用增加容器中厚壁部件数量的办法。此外，德国煤电机组还通过采用外部蒸汽加热或热储存系统来预热厚壁部件以缩短锅炉启动时间。

3. 锅炉本体措施

（1）一机多炉

一台机组使用多个锅炉可以提高灵活性。德国的一家电厂计划在一台 1100MW 褐煤机组配备 2 台 550MW 锅炉，这将使机组可从满发 1100MW 降低出力到 175MW。

（2）集成燃气轮机

德国计划对 20% 的燃煤机组进行燃气轮机改造，以改善效率和爬坡率。燃气轮机用于传统的联合循环或提供给水加热。通过使用额外的天然气，可大幅提高机组启动速度和爬坡速率。

（3）水冷壁使用内螺纹管

降低新锅炉最小出力的一个方法是水冷壁使用内部有螺纹的管道，这能在低流速下实现更高的热传输效率。炉水循环泵也能降低直流锅炉在低出力和启动工况下的蒸汽溢出损失。对于汽包锅炉，可通过提高蒸发器流速来改善稳定性。

2.3.2 汽轮机和热力系统

1. 深度调峰和爬坡速率

汽轮机灵活性改造的限制性因素之一在于，负荷变化时汽轮机动静间隙需近乎保持不变。这一方面需要精心设计汽轮机结构、保证密封可靠性，另一方面需要更多技术确保汽轮机机热负荷均匀分布。

汽轮机旁路系统是实行"两班制"运行的煤电机组所必须配备

的。采用该系统可以允许部分或全部蒸汽绕过汽轮机高压缸或中压缸，以便在锅炉启动或关闭时管理汽轮机中的蒸汽温度变化速率，从而降低汽轮机热应力。

省煤器旁路是增加灵活性的一个方便的改进措施。通过增加旁路，保证省煤器内给水的过冷度，在降低机组出力的同时防止给水汽化；另一方面，通过增加省煤器水侧旁路与给水循环泵，调整省煤器出口烟温，在保证烟气脱硝效率的基础上优化锅炉最小出力。

2. 快速启动

汽轮机具有较大质量与高度复杂的结构，相较锅炉的温度改变速度更慢。一次针对锅炉的"冷态启动"，对于汽轮机而言，可能属于"热态启动"或"温态启动"。因此，在国外的一些装备生产厂商也将汽轮机高压缸金属温度作为细化启动种类的指标。为了提升汽轮机温度变化速度，提升机组快速启动能力，欧洲西门子公司开发了一系列薄壁汽轮机。

对于热态启动而言，大多数情况下，汽轮机启动所需要的蒸汽温度需要高于金属温度。煤电机组停止运行数小时后，其重新启动需要入口蒸汽温度达到高压缸温度，从而导致机组启动时间的大幅延后。为了缩短这一时间，Quinkertz 等人开发的新汽轮机启动方法考虑到了锅炉的负荷爬升速率，从而允许汽轮机能在锅炉负荷爬升时提前启动，这种方法可以减少热态启动时间约 15 分钟。

对于冷态启动而言，汽轮机高压缸的加热需要 3 小时 ~4 小时，这大大限制了机组快速启动能力。因此，可以采用电加热装置辅助高压缸加热，缩短机组冷态启动时间。

3. 一次调频

很多可再生能源发电类型频率调节能力不足，因此在电力系统中维持一定比例的化石燃料机组承担一次调频任务是必要的。一次调频的方法包括传统的主汽阀门控制，以及近年来新出现的高（低）加抽汽节流、给水加热装置旁路和高压缸旁路。另一方法是安装储热系统。

高（低）加抽汽节流的原理是汽轮机控制系统通过调节阀减小高（低）压缸流向高（低）压给水加热器的汽流。这些措施可以在汽轮机产生额外的蒸汽流，从而增加额外出力。其中，高加抽汽节流方法利用了锅炉及高加蒸汽管道处的蓄热，此处的蒸汽品位高、蓄热量大、响应速度快，但调节过程中调节阀啸叫大、安全风险较高；低加抽汽节流方法利用了低加蒸汽管道及除氧器处的蓄热，此方法调节速度极快、安全风险较低，但由于蒸汽品位低、蓄热量有限、调节范围受限。通过使用快速动作阀门，机组可在 30 秒内达到满发。外三电厂使用的西门子汽轮机就采用了类似原理，通过调节冷凝水流量来跟踪暂态负荷变化。

另一个可用于超超临界机组一次调频的技术是高压缸补汽阀。附图 2.3-3 显示了西门子 600MW~1200MW 级汽轮机（滑压运行，全周进汽）的结构。其中，高压缸旁路系统通过打开补汽阀能向高压缸汽轮机注入额外的高压蒸汽，同时允许全周进汽。该系统通常允许短时增加 5% 出力，如需要也可以通过一定的设计增加 10% 或 15% 出力。关闭高压缸补汽阀，可以实现正常的 100% 满出力运行。尽管高压缸补汽阀系统会降低系统效率，但向系统提供频率控制是机组必须具备的能力。在短时增加出力（每秒 1% 出力）的各类方法中，高压缸旁路系统是最为有效的。高压缸补汽阀系统在机组的整个出力范围都有效，而节汽阀只在高出力工况下有效。

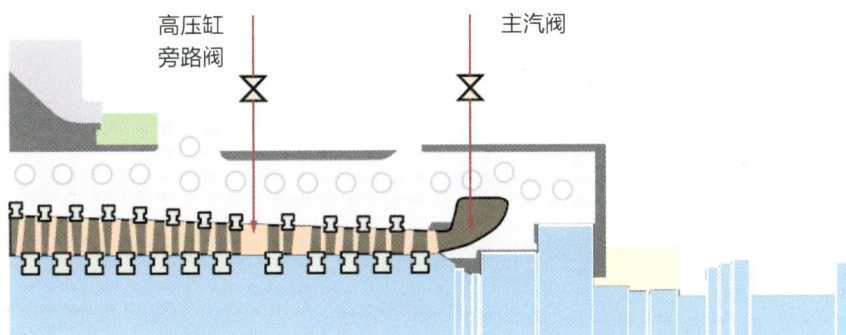

附图 2.3-3　具有快速响应能力的高压缸补汽阀系统

（图片来源：Colin Henderson. Increasing the flexibility of coal-fired power plants.）

2.3.3　环保及辅助系统

1. 脱硝装置

SCR 脱硝装置通常放置在省煤器后，机组启动或是低负荷运行会导致烟气温度较低，从而带来低负荷脱硝的问题。选择性催化还原系统通常使用氨作为还原剂，面对快速的出力调节和变化的燃料特性，氨控制的难度较大。氨逃逸会形成粘稠液体状的硫酸氢铵，填充催化剂的孔隙，从而降低催化活性。同时，硫酸氢铵可能沉积在空预器，造成空预器堵塞，从而需要清洗。硫酸氢铵甚至可能从空预器进入锅炉送风管道，影响空气流量计量装置的读数。

为了避免形成硫酸氢铵，传统的解决方案是安装烟气道或水侧省煤器旁路，以维持低出力工况下的烟气温度。这一方法可避免堵塞的同时不牺牲脱硝性能。对于没有或者不能安装省煤器旁路的机组，可采用其他办法。其一是连续监测入口氨和三氧化硫的浓度以及选择催化还原装置的温度分布，并与设计值进行比较。其他方法包括改变燃料硫含量，在低出力工况下允许降低脱硝效果，或使用静态混合器（烟气挡板）来调节入口温度分布。只要能保持合理的脱硝温度，脱硝装置就能允许机组快速变化出力。

2. 脱硫装置

常规烟气脱硫（FGD）系统中的化学过程需要精确控制反应条件，而反应条件受到试剂流量、水流量和烟气温度的影响。机组出力的频繁变化会影响这些条件。由于停机过程中需要净化悬浮液以免其凝固，废气脱硫装置的启停机次数也应尽量减少。同时，减少启停机次数可以减少启动时辅助燃料在吸附体上的残留，并避免脱硫装置所需要的冗长预热时间。

通过关闭部分循环泵，可在低出力条件下降低废气脱硫装置的能耗。有研究建议更新控制系统从而进一步降低能耗。要在快速出力调节过程中始终满足排放标准，需要引入复杂的控制逻辑，并增加液 / 气比。

3. 除尘装置

通常，除尘装置在深度调峰和快速变负荷过程中都可以正常工作。但是，必须监测入口气体的温度，如温度过低，则酸性湿气会凝结在灰尘上，进而沾附在布袋除尘器织物过滤器上，或造成电阻率过低、影响除尘器的性能。在部分（或全部）出力工况下，静电除尘器可以通过增加滞留时间增强除尘效果，同时通过采用智能控制系统可以节省多达 80% 的能耗。

4. 监测与控制系统

为了安全稳定的实现灵活性目标，欧洲煤电机组大多进行了监测与控制系统（以下简称监控系统）的改造。电厂状态的透明度、运行数据的可用性、精细的数据评估和先进的控制技术是提高电厂灵活性的先决条件。监控系统是连接电厂高效运行的各个方面的重要纽带，它保证煤电机组在遇到灵活性调节需求时，机组内各部件的统一调度。监控系统改造可带来良好的灵活性提升效益和成本效益。成熟的灵活性改造方案中，监控系统改造应包含如下几个方面：

（1）温度测量

需采用新型传感器，针对锅炉内厚壁部件的各个部位温度进行精确、合理的温度测量。该测量结果将直接用于电厂启停及快速变负荷过程中厚壁部件热应力和寿命消耗的计算。

（2）测量仪器

过去机组采用的相关测量仪器设备的测量范围可能不足以满足机组最小出力时的精确测量需求。这对于流量相关的测量仪器尤为重要。

（3）启动燃料控制

煤电机组启动时的燃料质量流量需要精准控制，以尽可能控制燃烧过程，减轻锅炉厚壁部件热应力，从而保证机组实现更多次数的温态启动。燃料控制需要新型流量控制阀和流量测量仪器的配合。

（4）热应力计算模型

通过计算温度测量仪器返回的数据，实现基于物理模型的动态热应力计算。其计算的热应力与材料最大允许值间的余量可作为调控系统的反馈信号，以保证厚壁部件的安全稳定运行。

（5）自启动系统

煤电机组的自动启动程序将监测机组条件，一旦达到必要条件，该程序能依次自动开启燃烧器、启动汽轮机，并在特定启动阶段之间实现平稳过渡，以避免不必要的等待时间。

（6）控制系统优化

由于过去煤电机组的控制系统（例如：给水控制系统，通风控制系统，电路控制系统等）只在标称负荷下进行集中调试，因此这些控制系统的性能可能会在灵活运行时恶化。此外，在灵活运行时，机组在动态过程中的表现更为重要，这对现有的控制系统提出了新的要求。

（7）调频优化

为了实现快速的负荷变化，煤电机组可以采用抽汽节流的方法，这包括凝结水节流，低加抽汽节流与高加抽汽节流。这些方法的具体实施需要相关的控制手段优化。

5. 储能／热装置

储能／热装置是提升煤电机组灵活性的重要手段。德国等欧洲国家的煤电机组经常应用储热和电池储能等方式实现灵活性提升。

（1）电池储能

德国主要采用锂离子电池作为储能装置。在德国煤电机组的储能装置项目中，其电池组具有 30 分钟的储能时长，因此可以成为煤电机组用于一次调频和二次调频的辅助电源。

（2）储热

最常见的蓄热系统是储热水箱。采用煤电机组抽汽在保温水箱外部或内部产生热水，并将其储存一段时间（最多几天）。蓄热系统储存的能量取决于热水的温度和水箱的容积，而储罐的保温层决定了该系统的热损失与储存期限。该技术可实现热电解耦，增加发电厂的灵活性，且有助于满足供热需求。

另一种热电解耦和提高运行灵活性的技术解决方案是为煤电机组安装电锅炉。此方法不需要对现役机组进行大幅改造，安装简单。

6. 其他辅助系统

在启动和低负荷运行工况下，机组工作在非设计工况，机组热效率会有所降低。因此，灵活运行要求中低负荷工况下的效率损失最小化。除锅炉和汽轮机性能会降低外，辅助系统也可能存在过多功耗。

在一些老电厂，基于基荷设计的辅助系统，如风机和给水泵，在低负荷工况下仍然存在大量不必要的功耗，采用变频电机技术有利于宽负荷高效。基于变频驱动的冷却塔风扇还可以调节冷凝水温度。此外，为减少煤电机组停机后的温降，缩短机组启动时间，德国 Moorburg 电厂在一二次风管道、烟气管道安装挡板，停炉时关闭烟风系统使锅炉保温，能将温态启动的停炉时间间隔延长至 60 小时，冷态启动时间缩短 20%，温态启动时间缩短 42%~50%，热态启动时间缩短 40%~46%。当煤电机组频繁变负荷运行时，发电机绕组将面对较大的烧毁风险，为保证发电机运行稳定性，需要采用新的发电机定子绕组冷却技术，例如，针对性采用水冷技术。

参考文献

[1] Clean Energy Ministerial (2018): Thermal Power Plant Flexibility, a publication under the Clean Energy Ministerial campaign

[2] Fichtner, Agora Energiewende (2017): Flexibility in thermal power plants – With a focus on existing coal-fired power plants.

[3] VGB PowerTech (2018): Compilation of Measures for the Flexible Operation of Coal-Fired Power Plants.

[4] Colin Henderson, IEA Clean Coal Centre (2014): Increasing the flexibility of coal-fired power plants.

[5] 赵永亮，许朋江，居文平，等. 燃煤发电机组瞬态过程灵活高效协同运行的理论与技术研究综述 [J]. 中国电机工程学报，2023, 43(6): 2080-2099.

[6] ZHAO Yongliang, XU Pengjiang, JU Wenping, et al. Overview of theoretical and technical research on flexible and efficient synergistic operation of coal-fired power units during transient processes[J]. Proceedings of the CSEE, 2023,43(6):2080-2099(in Chinese).

[7] Anjan Kumar Sinha, VGB PowerTech (2020): Recipe book for flexibilisation of coal based power plants, Best practices and operating procedures for flexible operation.

[8] Deloitte. (2019): Assessing the flexibility of coal-fired power plants for the integration of renewable energy in Germany.

[9] J. Gostling, European Technology Development Ltd (2002): Two Shifting of Power Plant: Damage to Power Plant Due to Cycling – A brief overview.

[10] 刘志强，李建锋，潘荔，等. 中国煤电机组改造升级效果分析与展望 [J]. 中国电力，2024,

57(07):1-11.

[11] 史鹏飞，康朝斌，王书超，等. 某 600 MW 超临界空冷燃煤机组深度调峰运行热经济性研究 [J]. 电力科技与环保，2023, 39(2): 147-156.

[12] 丛星亮，谢红，苏阳，等. 660 MW 超超临界二次再热机组深度调峰试验研究 [J]. 华电技术，2021, 43(5): 64-69.

[13] 刘福国，蒋学霞，李志. 燃煤发电机组负荷率影响供电煤耗的研究 [J]. 电站系统工程，2008, 24(4): 47-49.

[14] Danish Energy Agency, Technical Report: Development plan for sustainable flexible operation of thermal power plants, Plan for increased flexibility in Raichur Unit 3 and Ramagundam Unit 7

[15] Andreas Feldmuller, Advanced Power Plant Flexibility Campaign (2017): Flexibility of coal and gas fired power plants

[16] RWE AG, Siemens AG, (2013): PowerGen Europe

[17] Quinkertz, R., Ulma, A., Gobrecht, E. & Wechsung, M., (2008): USC Steam turbine technology for maximum efficiency and operational flexibility, Kuala Lumpur: Siemens.

[18] W. Zehtner, W. and Schöner, P. (2014): Erhöhung der Flexibilität von modernen Kohlekraftwerken durch Prozesssimulation. VGB-Workshop Kraftwerksflexibilisierung

[19] Richter, M.; Möllenbruck, F.; Obermüller, F.; Knaut, A.; Weiser, F.; Lens, H. and Lehmann, D. (2016): Flexibilization of steam power plants as partners for renewable energy systems. 19th Power Systems Computation Conference

[20] Jeschke, R., Henning, B. & Schreier, W., (2012): Flexibility through highly-efficient technology. VGB PowerTech, May, pp. 64–68.

[21] The American Society of Mechanical Engineers, Boiler and Pressure Vessel Code; Section I — Power Boilers, Section IV — Heating Boilers, Section VI — Recommended Rules for the Care and Operation of Heating Boilers, and Section VII — Recommended Rules for Care of Power Boilers (New York: ASME, 1992)

[22] Deutsches Institut fur Normung, Water-tube boilers and auxiliary installations - In-service boiler life expectancy calculations English translation, Berlin, 2001.

[23] Rúa J, Verheyleweghen A, Jäschke J, et al. Optimal scheduling of flexible thermal power plants with lifetime enhancement under uncertainty[J]. Applied Thermal Engineering, 2021, 191: 116794.

[24] Miner M A. Cumulative damage in fatigue[J]. 1945.

[25] Fatemi A, Yang L. Cumulative fatigue damage and life prediction theories: a survey of the state of the art for homogeneous materials[J]. International journal of fatigue, 1998, 20(1): 9-34.

[26] Jawad M H, Jetter R I. Design & Analysis of ASME Boiler and Pressure Vessel Components in the Creep Range[M]. ASME press, 2009.